建筑安装工程施工工艺标准系列丛书

地下、外墙和室内防水工程施工工艺

山西建设投资集团有限公司　组织编写

张太清　霍瑞琴　主编

中国建筑工业出版社

图书在版编目(CIP)数据

地下、外墙和室内防水工程施工工艺/山西建设投
资集团有限公司组织编写. —北京：中国建筑工业
出版社，2018.12（2021.9重印）
（建筑安装工程施工工艺标准系列丛书）
ISBN 978-7-112-22873-7

Ⅰ.①地… Ⅱ.①山… Ⅲ.①建筑防水-建筑施
工 Ⅳ.①TU761.1

中国版本图书馆 CIP 数据核字(2018)第 242814 号

本书是山西建设投资集团有限公司《建筑安装工程施工工艺标准系列丛
书》之一。该标准经广泛调查研究，认真总结工程实践经验，参考有关国家、
行业及地方标准规范编写而成。

该书编制过程中主要参考了《建筑工程施工质量验收统一标准》GB
50300—2013、《地下工程防水技术规范》GB 50108—2008、《地下防水工程质
量验收规范》GB 50208—2011 等标准规范。每项标准按引用标准、术语、施
工准备、操作工艺、质量标准、成品保护、注意事项、质量记录八个方面进行
编写。

本书可作为地下防水及外墙防水工程施工生产操作的技术依据，也可作为
编制施工方案和技术交底的蓝本。在实施工艺标准过程中，若国家标准或行业
标准有更新版本时，应按国家或行业现行标准执行。

责任编辑：张　磊
责任校对：焦　乐

建筑安装工程施工工艺标准系列丛书
地下、外墙和室内防水工程施工工艺
山西建设投资集团有限公司　组织编写
张太清　霍瑞琴　主编

*

中国建筑工业出版社出版、发行（北京海淀三里河路 9 号）
各地新华书店、建筑书店经销
北京科地亚盟排版公司制版
北京建筑工业印刷厂印刷

*

开本：787×960 毫米　1/16　印张：6¼　字数：107 千字
2019 年 2 月第一版　2021 年 9 月第三次印刷
定价：**19.00** 元
ISBN 978-7-112-22873-7
(32966)

发 布 令

　　为进一步提高山西建设投资集团有限公司的施工技术水平，保证工程质量和安全，规范施工工艺，由集团公司统一策划组织，系统内所有骨干企业共同参与编制，形成了新版《建筑安装工程施工工艺标准》（简称"施工工艺标准"）。

　　本施工工艺标准是集团公司各企业施工过程中操作工艺的高度凝练，也是多年来施工技术经验的总结和升华，更是集团实现"强基固本，精益求精"管理理念的重要举措。

　　本施工工艺标准经集团科技专家委员会专家审查通过，现予以发布，自2019年1月1日起执行，集团公司所有工程施工工艺均应严格执行本"施工工艺标准"。

山西建设投资集团有限公司

党委书记：

董事长：

2018 年 8 月 1 日

丛书编委会

顾　　　问：孙　波　李卫平　寇振林　贺代将　郝登朝　吴辰先
　　　　　　温　刚　乔建峰　李宇敏　耿鹏鹏　高本礼　贾慕晟
　　　　　　杨雷平　哈成德
主 任 委 员：张太清
副主任委员：霍瑞琴　张循当
委　　　员：（按姓氏笔画排列）
　　　　　　王宇清　王宏业　平玲玲　白少华　白艳琴　邢根保
　　　　　　朱永清　朱忠厚　刘　晖　闫永茂　李卫俊　李玉屏
　　　　　　杨印旺　吴晓兵　张文杰　张　志　庞俊霞　赵宝玉
　　　　　　要明明　贾景琦　郭　铃　梁　波　董红霞
审 查 人 员：董跃文　王凤英　梁福中　宋　军　张泽平　哈成德
　　　　　　冯高磊　周英才　张吉人　贾定祎　张兰香　李逢春
　　　　　　郭育宏　谢亚斌　赵海生　崔　峻　王永利

本书编委会

主　　　编：张太清　霍瑞琴
副 主 　编：朱忠厚　李玉屏
主要编写人员：王　芳　校　婧　弓晓丽

序

    企业技术标准是企业发展的源泉，也是企业生产、经营、管理的技术依据。随着国家标准体系改革步伐日益加快，企业技术标准在市场竞争中会发挥越来越重要的作用，并将成为其进入市场参与竞争的通行证。

    山西建设投资集团有限公司前身为山西建筑工程（集团）总公司，2017年经改制后更名为山西建设投资集团有限公司。集团公司自成立以来，十分重视企业标准化工作。20世纪70年代就曾编制了《建筑安装工程施工工艺标准》；2001年国家质量验收规范修订后，集团公司遵循"验评分离，强化验收，完善手段，过程控制"的十六字方针，于2004年编制出版了《建筑安装工程施工工艺标准》（土建、安装分册）；2007年组织修订出版了《地基与基础工程施工工艺标准》、《主体结构工程施工工艺标准》、《建筑装饰装修施工工艺标准》、《建筑屋面工程施工工艺标准》、《建筑电气工程施工工艺标准》、《通风与空调工程施工工艺标准》、《电梯与智能建筑工程施工工艺标准》、《建筑给水排水及采暖工程施工工艺标准》共8本标准。

    为加强推动企业标准管理体系的实施和持续改进，充分发挥标准化工作在促进企业长远发展中的重要作用，集团公司在2004年版及2007年版的基础上，组织编制了新版的施工工艺标准，修订后的标准增加到18个分册，不仅增加了许多新的施工工艺，而且内容涵盖范围也更加广泛，不仅从多方面对企业施工活动做出了规范性指导，同时也是企业施工活动的重要依据和实施标准。

    新版施工工艺标准是集团公司多年来实践经验的总结，凝结了若干代山西建投人的心血，是集团公司技术系统全体员工精心编制、认真总结的成果。在此，我代表集团公司对在本次编制过程中辛勤付出的编著者致以诚挚的谢意。本标准的出版，必将为集团工程标准化体系的建设起到重要推动作用。今后，我们要抓住契机，坚持不懈地开展技术标准体系研究。这既是企业提升管理水平和技术优势的重要载体，也是保证工程质量和安全的工具，更是提高企业经济效益和社会效益的手段。

在本标准编制过程中，得到了住建厅有关领导的大力支持，许多专家也对该标准进行了精心的审定，在此，对以上领导、专家以及编辑、出版人员所付出的辛勤劳动，表示衷心的感谢。

在实施本标准过程中，若有低于国家标准和行业标准之处，应按国家和行业现行标准规范执行。由于编者水平有限，本标准如有不妥之处，恳请大家提出宝贵意见，以便今后修订。

山西建设投资集团有限公司

总经理：

2018 年 8 月 1 日

前　　言

　　本书是山西建设投资集团有限公司《建筑安装工程施工工艺标准系列丛书》之一。该标准经广泛调查研究，认真总结工程实践经验，参考有关国家、行业及地方标准规范，在 2007 版基础上经广泛征求意见修订而成。

　　该书编制过程中主要参考了《建筑工程施工质量验收统一标准》GB 50300—2013、《地下工程防水技术规范》GB 50108—2008、《地下防水工程质量验收规范》GB 50208—2011 等标准规范。每项标准按引用标准、术语、施工准备、操作工艺、质量标准、成品保护、注意事项、质量记录八个方面进行编写。

　　本标准修订的主要内容是：

　　1　2007 版的 9 篇地下防水工程工艺标准归属在《地基与基础工程施工工艺标准》中，为便于广大读者查阅，这一次修订时将地下防水与外墙防水独立成册。

　　2　此次修订增加了施工缝防水处理、变形缝防水处理、后浇带防水处理。施工缝始终是防水薄弱部位，常因处理不当而在该部位产生渗漏，因此将施工缝防水处理单独成节。变形缝的设计是考虑结构沉降、伸缩的可变性，应充分考虑其在变化中的密闭性，不产生渗漏水现象，故将其独立成节。后浇带应设在受力和变形较小的部位，后浇带处的渗漏也是地下工程常见的质量通病之一，为做好后浇带处的防水处理，单独编写了后浇带防水处理一节。

　　3　卷材防水层这一节是在上一版改性沥青卷材防水层基础上修改的，是在原有的基础上拓展的卷材的种类。目前，国内地下工程使用的卷材品种有：高聚物改性沥青类防水卷材有 SBS、APP、自粘聚合物改性沥青等防水卷材；高分子类防水卷材有三元乙丙、聚氯乙烯、聚乙烯丙纶、高分子自粘胶膜等。

　　4　外墙防水是本次新增的内容，外墙工程的渗漏也受到社会越来越多的关注，此次增加外墙防水施工工艺标准，旨在能为现场施工提供更多的帮助。

　　本书可作为地下防水及外墙防水工程施工生产操作的技术依据，也可作为编制施工方案和技术交底的蓝本。在实施工艺标准过程中，若国家标准或行业标准有更新版本时，应按国家或行业现行标准执行。

本书在编制过程中，限于技术水平，有不妥之处，恳请提出宝贵意见，以便今后修订完善。随时可将意见反馈至山西建设投资集团有限公司技术中心（太原市新建路 9 号，邮政编码 030002）。

目　录

第1篇 地下防水

第1章 防水混凝土结构

本工艺标准适用于抗渗等级不小于 P6 的地下混凝土结构。不适用于环境温度高于 80℃ 的地下工程。

1 引用标准

《地下工程防水技术规范》GB 50108—2008

《地下防水工程质量验收规范》GB 50208—2011

《建筑工程施工质量验收统一标准》GB 50300—2013

《混凝土质量控制标准》GB 50164—2011

《混凝土结构工程施工质量验收规范》GB 50204—2015

《混凝土结构工程施工规范》GB 50666—2011

《普通混凝土配合比设计规程》JGJ 55—2011

《建筑工程冬期施工技术规程》JGJ/T 104—2011

2 术语

2.0.1 胶凝材料：用于配制混凝土的硅酸盐水泥及粉煤灰、磨细矿渣、硅粉等矿物掺合料的总称。

2.0.2 水胶比：混凝土配置时的用水量与胶凝材料总量之比。

3 施工准备

3.1 作业条件

3.1.1 编制防水混凝土专项施工方案，确定施工工艺、浇筑方法，并做好技术交底工作。

3.1.2 施工期间地下水位已降至基础工程底部标高以下 500mm，基坑中无积水、淤泥，必要时应采取降水措施。

3.1.3 完成钢筋、模板及管道预埋件等上道工序的质量检查和隐蔽工程验收工作。固定模板的螺栓必须穿过混凝土墙时，应采取止水措施。钢筋及绑扎铁丝不得接触模板。迎水面结构钢筋保护层不应小于 50mm。

3.1.4 防水混凝土所用原材料已经检验，并由试配提出混凝土配合比。

3.1.5 混凝土结构施工宜采用预拌混凝土，混凝土输送宜采用泵送方式。

3.1.6 施工缝和后浇带的留设位置，应由设计或在混凝土浇筑前确定。施工缝和后浇带宜留设在结构受剪力较小且便于施工的位置。

3.1.7 基坑边坡稳固或已采取了加固措施，无坍塌危险。基坑内周边应设排水沟和集水井。

3.1.8 防水混凝土施工的环境气温宜为 5～35℃，混凝土冬期、高温和雨期施工，应符合国家现行有关标准的规定。

3.1.9 防水混凝土结构不得在雨天、雪天和五级及以上大风时施工。

3.2 材料及机具

3.2.1 水泥：宜采用普通硅酸盐水泥或硅酸盐水泥，采用其他品种水泥时应经试验确定；在受侵蚀性介质作用时，应按介质的性质选用相应的水泥品种；不得使用过期或受潮结块的水泥，并不得将不同品种或强度等级的水泥混合使用。

3.2.2 砂、石：砂宜选用中粗砂，含泥量不应大于 3.0%，泥块含量不宜大于 1.0%。石子用碎石或卵石，粒径宜为 5～40mm，含泥量不应大于 1.0%，泥块含量不应大于 0.5%；泵送时其最大粒径不应大于输送管径的 1/4；对长期处于潮湿环境的重要结构混凝土用砂、石，应进行碱活性检验。

3.2.3 矿物掺合料：采用粉煤灰、硅粉或粒化高炉矿渣粉等，粉煤灰的级别不应低于 II 级，烧失量不应大于 5%，粉煤灰掺量宜为胶凝材料总量的 20%～30%；硅粉的比表面积不应小于 $15000m^2/kg$，SiO_2 含量不应小于 35%，硅粉的掺量宜为胶凝材料总量的 2%～5%；粒化高炉矿渣粉的品质要求应符合国家现行有关标准的规定。

3.2.4 外加剂：采用减水剂、引气剂、防水剂及膨胀剂等，其技术性能应符合国家现行有关标准的质量要求。

3.2.5　水：饮用水，不含有害物质的洁净水，水质应符合《混凝土拌合用水标准》JGJ 63 的规定。

3.2.6　机具：混凝土搅拌机、搅拌运输车、输送泵、布料机、机动翻斗车、手推车、混凝土吊斗、插入式振动棒、串桶、溜槽、铁板、水桶、胶皮管、铁锹、磅秤、抹子、试模、容器（盛外加剂）等。

4　操作工艺

4.1　工艺流程

防水混凝土配合比 → 混凝土搅拌 → 混凝土运输 → 混凝土浇筑 →

混凝土振捣 → 混凝土养护 → 混凝土缺陷修整

4.2　防水混凝土配合比

4.2.1　试配要求的抗渗水压值应比设计值提高 0.2MPa。

4.2.2　混凝土胶凝材料总量不宜小于 320kg/m³，其中水泥用量不宜小于 260kg/m³，粉煤灰掺量宜为胶凝材料总量的 20％～30％，硅粉的掺量宜为胶凝材料总量的 2％～5％。

4.2.3　水胶比不得大于 0.50，有侵蚀性介质时水胶比不宜大于 0.45。

4.2.4　砂率宜为 35％～40％，泵送时可增至 45％。

4.2.5　灰砂比宜为 1∶1.5～1∶2.5。

4.2.6　掺加引气剂或引气减水剂时，混凝土含气量应控制在 3％～5％。

4.2.7　预拌混凝土的初凝时间宜为 6～8h。

4.2.8　混凝土拌合物的氯离子含量不应超过胶凝材料总量 0.1％；混凝土中各类材料的总碱量即 Na_2O 当量不得大于 3kg/m³。

4.2.9　在设计许可的情况下，掺粉煤灰混凝土设计强度等级的龄期宜为 60d 或 90d。

4.3　混凝土搅拌

4.3.1　当粗细骨料的实际含水量发生变化时，应及时调整粗细骨料和拌合用水量。

4.3.2　混凝土搅拌时应对原材料用量准确计量，原材料的计量应按重量计，

3

水和外加剂可按体积计，其允许偏差应符合表1-1规定。

混凝土组成材料计量结果的允许偏差（%）　　　　　　表1-1

组成材料品种	每盘计量	累计计量
水泥、掺合料	±2	±1
粗、细骨料	±3	±2
水、外加剂	±2	±1

注：累计计量仅适用于微机控制计量的搅拌站。

4.3.3　采用分次投料搅拌方法时，应通过试验确定投料顺序、数量及分段搅拌的时间等工艺参数。矿物掺合料宜与水泥同步投料，液体外加剂宜滞后于水和水泥投料，粉状外加剂宜溶解后再投料。

4.3.4　混凝土搅拌应搅拌均匀，宜采用强制式搅拌机搅拌。混凝土搅拌的最短时间不宜小于2min，也可按设备说明书的规定或经试验确定。

4.3.5　混凝土在浇筑地点的坍落度，每工作班至少应检查两次。混凝土坍落度允许偏差应符合表1-2的规定。

混凝土坍落度允许偏差（mm）　　　　　　表1-2

规定坍落度	允许偏差
≤40	±10
50～90	±15
>90	±20

4.3.6　泵送混凝土在交货地点的入泵坍落度，每工作班至少应检查两次。混凝土入泵时的坍落度允许偏差应符合表1-3的规定。

混凝土入泵时的坍落度允许偏差（mm）　　　　　　表1-3

所需坍落度	允许偏差
≤100	±20
>100	±30

4.3.7　混凝土采用预拌混凝土时，入泵坍落度宜控制在120～160mm，坍落度每小时损失不应大于20mm，坍落度总损失值不应大于40mm。

4.4　混凝土运输

4.4.1　混凝土从搅拌机卸料后，应及时运至浇灌地点。

4.4.2　当混凝土拌合物在运输后出现离析时，在入模前必须进行二次搅拌。经检查当坍落度损失不能满足施工要求时，应加入原水胶比的水泥浆或掺加同品种的减水剂进行搅拌，严禁直接加水。

4.4.3　对运输至现场的混凝土，应采用输送泵、溜槽、吊车配备斗容器、升降设备配备小车等方式送至浇筑地点。

4.5　混凝土浇筑

4.5.1　浇筑混凝土前，应清除模板内或垫层上的杂物，表面干燥的模板或垫层上应洒水湿润，但不得有明水。

4.5.2　防水混凝土宜一次连续浇筑，若基础大体积混凝土因设计或施工需求留设施工缝或后浇带，则分隔后的施工段应采取一次连续浇筑方法。

4.5.3　混凝土应分层连续浇筑，上层混凝土应在下层混凝土初凝前浇筑完毕。混凝土分层厚度的确定应与采用的振捣设备相匹配，混凝土分层振捣的最大厚度为振捣棒作用部分长度的1.25倍。

4.5.4　混凝土由高处倾落时，粗骨料粒径大于25mm时，混凝土倾落高度≤3m，粗骨料粒径小于等于25mm时，混凝土浇筑倾落高度≤6m，应用串筒、溜管、溜槽等装置下落，以防混凝土产生离析。

4.5.5　混凝土浇筑后，在混凝土初凝前和终凝后，应分别对混凝土裸露表面进行抹面处理和两次压光。

4.5.6　在混凝土结构中的管道、埋设件或钢筋稠密处，浇筑混凝土有困难时，应采用相同强度等级、相同抗渗性能的细石混凝土浇筑。

4.5.7　预埋大管径的套管或面积较大的金属板时，应在其底部开设浇筑孔，以便浇筑、振捣和排气。

4.5.8　在混凝土浇筑地点随机取样后，制作抗压、抗渗混凝土试件。

4.6　混凝土振捣

4.6.1　混凝土振捣应能使模板内各个部位混凝土密实、均匀，不应漏振、欠振、过振。

4.6.2　混凝土振捣应采用插入式振捣棒。必要时可采用人工辅助振捣。

4.6.3　振捣棒应按分层浇筑厚度分别进行振捣，振捣棒的前端应插入前一层混凝土中，插入深度应不小于50mm，振捣棒应垂直于混凝土表面并快插慢拔均匀振捣。当混凝土面无明显塌陷，有水泥浆出现、不再冒气泡时，应结束该部位振捣，振捣棒与模板的距离不应大于振捣棒作用半径的 50%，振捣棒振点间距不应大于振捣棒作用半径的 1.4 倍。

4.6.4 对预留洞底部区域，后浇带及施工缝边角处，钢筋密集区域、基础大体积混凝土浇筑流淌形成的坡脚等特殊部位，均应采取加强振捣措施。

4.7 混凝土养护

4.7.1 混凝土浇筑后应及时进行保温养护，保温养护可采用洒水、覆盖、喷涂养护剂等方式。当日最低温度低于 5℃ 时，不应采用洒水养护。

4.7.2 防水混凝土的养护时间不应少于 14d。

4.7.3 基础大体积混凝土裸露表面应采用覆盖养护方式，当混凝土浇筑体表面以内 40～100mm 位置的温度与环境温度的差值小于 20℃ 时，可结束覆盖养护。覆盖养护结束但尚未达到养护时间要求时，可采用洒水养护方式直至养护结束。

4.7.4 基础墙板带模养护时间不应小于 3d，带模养护结束后，可采用洒水、覆盖、喷涂养护剂养护。

4.7.5 混凝土强度达到 1.2MPa 前，不得在其上踩踏、堆放物料、安装模板及支架。

4.7.6 同条件养护试件的养护条件应与实体结构部位养护条件相同，并应妥善保管。

4.7.7 施工现场应具备混凝土标准试件制作条件，并应设置标准试件养护室或养护箱，标准试件养护应符合国标现行有关标准。

4.8 混凝土缺陷修整

4.8.1 拆模后应将固定模板用工具式螺栓加堵头去除凹槽内用干硬性 1∶2 水泥砂浆封堵密实，并应用聚合物水泥砂浆抹平。

4.8.2 混凝土结构缺陷可按尺寸偏差及外观质量分为严重缺陷和一般缺陷。对严重缺陷施工单位应制定专项修整方案，方案应经建设单位或监理同意后实施，不得擅自处理。

4.8.3 混凝土结构尺寸偏差一般缺陷可结合装饰工程进行修整，混凝土结构尺寸偏差严重缺陷应会同设计单位共同制定专项修整方案，结构修整后应重新检查验收。

4.8.4 对混凝土结构露筋、蜂窝、麻面、孔洞、酥松等一般缺陷，应凿除凝结不牢固部分的混凝土，清理表面，洒水湿润后应用1：2水泥砂浆抹平，养护时间不应少于3d，对少量不影响结构性能或使用功能的裂缝，应作封闭处理。

4.8.5 对混凝土结构露筋蜂窝、麻面、孔洞、酥松等严重缺陷，应凿除凝结不牢固部分的混凝土至密实部位，清理表面，支设模板，洒水湿润，涂抹混凝土界面剂，应采用比原混凝土强度高一级的细石混凝土浇筑密实，养护时间不应少于7d。对有影响结构性能或使用功能的裂缝，应采用注浆封闭处理。

5 质量标准

5.1 主控项目

5.1.1 防水混凝土原材料、配合比、坍落度必须符合设计要求。

5.1.2 防水混凝土的抗压强度和抗渗性能必须符合设计要求；后浇带采用掺膨胀剂的补偿收缩混凝土的抗压强度、抗渗性能和限制膨胀率必须符合设计要求。

5.1.3 防水混凝土结构的施工缝、变形缝、后浇带、穿墙管、埋设件等设置和构造必须符合设计要求。

5.2 一般项目

5.2.1 防水混凝土结构表面应坚实、平整，不得有露筋、蜂窝等缺陷；埋设件位置应准确。

5.2.2 防水混凝土结构表面的裂缝宽度不应大于0.2mm，且不得贯通。

5.2.3 防水混凝土结构厚度不应小于250mm，其允许偏差为＋8mm、－5mm；主体结构迎水面钢筋保护层厚度不应小于50mm，其允许偏差为±5mm。

6 成品保护

6.0.1 混凝土浇筑前，不得踩踏钢筋和碰坏模板支撑，保证钢筋、模板的位置正确。

6.0.2 雨期施工时，混凝土终凝后应及时浇水养护，并做好防雨措施。刚浇筑完的混凝土，不得让雨水浸泡。

6.0.3 外墙混凝土浇筑后3d后松开模板固定螺栓，5d后开始拆模，拆模后应及时做外防水并回填土方，尽量减少外墙混凝土在空气中暴露时间。

6.0.4 施工缝、后浇带留设界面宜采用定制模板、快易收口板、钢板网材料封挡，施工缝、后浇带的钢筋应采取防锈或阻锈措施。

7　注意事项

7.1　应注意的质量问题

7.1.1 编制防水及大体积混凝土施工方案，采取材料选择，温度控制、保温保湿等技术措施。在设计许可的条件下，掺粉煤灰混凝土设计强度等级的龄期宜为 60d 或 90d。

7.1.2 墙模板固定应避免采用穿铁丝拉结，钢筋及绑扎铁丝不得接触模板，以免造成渗漏水通路。

7.1.3 穿墙主管外带有止水环的套管，应在浇筑混凝土前预埋固定，止水环周围混凝土应振捣密实，主管与套管的迎水面结合处应密封严。

7.1.4 基础大体积混凝土宜采用斜面分层、全面分层、分块分层等浇筑方法，层与层之间混凝土浇筑的间隙时间应能保证混凝土浇筑连续进行。

7.1.5 泵送混凝土应根据粗骨料粒径大小，严格控制混凝土浇筑倾落高度。当不能满足要求时，应加设串筒、溜管、溜槽等措施，防止混凝土离析。

7.2　应注意的安全问题

7.2.1 混凝土搅拌机等机械作业前，应进行无负荷试运转，运转正常后再开机工作。

7.2.2 搅拌机、卷扬机应有专用开关箱，并装有漏电保护器；停机时应拉断电闸，下班时应上锁。

7.2.3 振捣棒的电源胶皮线要经常检查，防止破损。操作时应穿绝缘鞋、戴绝缘手套。振捣棒应有防漏电装置，不得挂在钢筋上操作。

7.2.4 夜间施工时，运输道路及施工现场应架设照明设备。

7.2.5 基坑边坡必须稳固，如有坍塌危险时，应立即停止作业并及时采取坡顶卸载等有效措施。

7.3　应注意的绿色施工问题

7.3.1 严格按施工组织设计要求合理布置施工现场的临时设施，做到材料堆放整齐，标识清楚，办公环境文明，施工现场每日清扫，严禁在施工现场及其周围随地大小便，确保工地文明卫生。

7.3.2 做好安全防火工作，严禁在工地现场吸烟或其他不文明行为。

7.3.3 注意施工废水排放，防止造成下水管道堵塞。

7.3.4 施工产生的废弃物质要及时清理，外运至指定地点，避免污染环境。

8　质量记录

8.0.1 防水混凝土的原材料合格证、质量检验报告及现场抽样复验报告。

8.0.2 防水混凝土配合比通知单。

8.0.3 混凝土坍落度检查记录。

8.0.4 混凝土试件抗压、抗渗试验报告。

8.0.5 隐蔽工程检查验收记录。

8.0.6 细部构造检验批质量验收记录。

8.0.7 防水混凝土检验批质量验收记录。

8.0.8 防水混凝土分项工程质量验收记录。

8.0.9 其他技术文件。

第2章 水泥砂浆防水层

本工艺标准适用于地下工程主体结构的迎水面或背水面。不适用于受持续振动或环境温度高于80℃的地下工程。

1 引用标准

《地下工程防水技术规范》GB 50108—2008
《地下防水工程质量验收规范》GB 50208—2011
《建筑工程施工质量验收统一标准》GB 50300—2013
《聚合物水泥防水砂浆》JC/T 984—2011
《建筑防水涂料用聚合物乳液》JC/T 1017—2006

2 术语（略）

3 施工准备

3.1 作业条件

3.1.1 水泥砂浆防水层应在防水混凝土结构或砌体结构验收合格后施工。

3.1.2 防水砂浆施工前，相关的设备预埋件和穿墙管等应安装固定完毕。

3.1.3 防水砂浆施工前，基层混凝土强度或砌体用砂浆强度，均不得低于设计值的80%。

3.1.4 防水砂浆所用原材料已经检验，并由试配提出防水砂浆配合比。

3.1.5 防水砂浆宜采用由专业厂家生产的湿拌或干拌防水砂浆，预拌砂浆的施工及质量验收，应符合国家或行业现行有关标准的规定。

3.1.6 混凝土结构或砌体结构的迎水面，外观质量有一般缺陷或严重缺陷时，施工单位应制定施工技术方案有关规定进行缺陷修整。

3.1.7 水泥砂浆防水层的施工环境温度宜为5～35℃。砂浆冬期、高温和雨期施工，应符合国家现行有关标准的规定。

3.1.8　水泥砂浆防水层不得在雨天、雪天和五级及以上大风时施工。

3.2　材料及机具

3.2.1　水泥：应使用普通硅酸盐水泥、硅酸盐水泥或特种水泥，不得使用过期或受潮结块水泥。

3.2.2　砂：宜采用中砂，含泥量不应大于 1.0%，硫化物和硫酸盐含量不应大于 1.0%。

3.2.3　水：应采用饮用水、不含有害物质的洁净水。

3.2.4　聚合物乳液：外观质量为均匀液体，无杂质、无沉淀、不分层。

3.2.5　外加剂：减水剂、防水剂、膨胀剂等其技术性能应符合国家或行业有关标准的质量要求。

3.2.6　机具：砂浆搅拌机、灰板、铁抹子、阴阳角抹子、钢丝刷、软毛刷、靠尺板、尖凿子、捻凿、铁锹、扫帚、木抹子、刮杠、喷壶、小水桶等。

4　操作工艺

4.1　工艺流程

基层处理→配制防水砂浆→防水砂浆涂抹→防水砂浆收头→防水砂浆养护

4.2　基层处理

4.2.1　防水砂浆施工时基础混凝土或砌筑砂浆抗压强度均不应低于设计值的 80%。

4.2.2　基层表面应平整、坚实、清洁，并应充分湿润，无明水。当基层平整度超出允许偏差时，宜采用适宜材料补平或剔平。

4.2.3　基层宜采用界面砂浆进行处理，当采用聚合物水泥防水砂浆时，界面可不做处理。

4.2.4　当结构外墙设有埋设件、穿墙管时，应先将埋设件及穿墙管根部预留凹槽内嵌填密封材料，再进行防水砂层施工。

4.3　配制防水砂浆

4.3.1　防水砂浆配合比应经试验确定。试配时，除符合防水砂浆的主要性能外，还应满足砂浆的稠度和分层度的要求。

4.3.2　防水砂浆宜用机械搅拌，或人工拌制。防水砂浆的配置，应按所掺

材料的技术要求准确计量

4.3.3　防水砂浆应随拌随用，拌制好的防水砂浆，当气温为 5～20℃时，使用时间不应超过 45min。

4.3.4　聚合物水泥防水砂浆按聚合物改性材料的状态分为干粉类和乳液类，聚合物水泥防水砂浆的配制应按产品使用说明书进行。

4.3.5　防水砂浆的粘结强度和抗渗性，试件应在施工地点制作。聚合物水泥防水砂浆还应提供耐水性指标，即砂浆浸水 168h 后材料的粘结强度和抗渗性的保持率。

4.3.6　防水砂浆主要性能应符合表 2-1 规定：

防水砂浆主要性能　　　　　　　　　　　表 2-1

防水砂浆种类	粘结强度（MPa）	抗渗性（MPa）	抗折强度（MPa）	干缩率（%）	吸水率（%）	冻融循环（次）	耐碱性	耐水性（%）
掺外加剂、掺合料的防水砂浆	>0.6	≥0.8	同普通砂浆	同普通砂浆	≤3	>50	10% NaOH 溶液浸泡 14d 无变化	—
聚合物水泥防水砂浆	>1.2	≥1.5	≥8	≤0.15	≤4	>50	—	≥80

4.4　防水砂浆涂抹

4.4.1　防水砂浆宜采用抹压方法、涂刮法施工，且宜分层铺抹，抹时应压实、抹平，最后一层表面应提浆压光。

4.4.2　掺减水剂、掺合料的防水砂浆，应采用多层抹压法施工，并应在前一层砂浆凝结后再涂抹后一层砂浆。砂浆总厚度宜为 18～20mm。

4.4.3　聚合物水泥防水砂浆厚度单层宜为 6～8mm，双层施工宜为 10～12mm。

4.4.4　水泥砂浆防水层各层应紧密粘合，每层宜连续施工；当需留设施工缝时，应采用阶梯坡形槎，且离阴阳角处不得小于 200mm。防水层的阴阳角处宜做成圆弧形。

4.4.5　不同材料基体的交接处，应在接缝处表面采用防止开裂的加强措施，当采用加强网时，加强网与基体的搭接长度不应小于 100mm。

4.4.6　水泥砂浆防水层的厚度测量，应在砂浆终凝前用钢针插入进行尺量检查，不允许在已硬化的防水砂浆层表面任意钻孔破坏。

4.5　防水砂浆收头

4.5.1　全埋式地下工程顶板与外墙转角处，外墙的防水砂浆应先涂抹至顶板不小于 250mm，顶板的防水砂浆再涂抹至外墙不小于 250mm。

4.5.2　附建式全地下室或半地下室的外墙防水层，应高出室外地坪标高不小于 500mm 以上，立面防水砂浆收头的端部，应用密封材料封严。

4.6　防水砂浆养护

4.6.1　防水砂浆终凝后应及时进行养护，养护温度不宜低于 5℃，并应保持砂浆表面湿润，养护时间不得少于 14d。

4.6.2　聚合物水泥防水砂浆未达到硬化状态时，不得浇水养护或直接受雨水冲刷，硬化后应采用干湿交替的养护方法。在潮湿环境中，可在自然条件下养护。

4.6.3　防水砂浆凝结硬化前，不得直接受水冲刷。储水结构应待砂浆强度达到设计要求后再注水。

5　质量标准

5.1　主控项目

5.1.1　防水砂浆的原材料及配合比必须符合设计规定。

5.1.2　防水砂浆的粘结强度和抗渗性能必须符合设计规定。

5.1.3　水泥砂浆防水层与基层之间应粘结牢固，无空鼓现象。

5.2　一般项目

5.2.1　水泥砂浆防水层表面应密实、平整，不得有裂纹、起砂、麻面等缺陷。

5.2.2　水泥砂浆防水层施工缝留槎位置应正确，接槎应按层次顺序操作，层层搭接紧密。

5.2.3　水泥砂浆防水层的平均厚度应符合设计要求，最小厚度不得小于设计厚度的 85%。

5.2.4　水泥砂浆防水层表面平整度的允许偏差应为 5mm。

6 成品保护

6.0.1 抹灰脚手架应离开墙面200mm，拆除脚手架要轻拆轻放，不得碰撞墙面及墙角。

6.0.2 防水砂浆在凝结前，应防止快干、水冲、撞击、振动和受冻，在凝结后应在湿润条件下养护，并应采取措施防止沾污和损坏。

6.0.3 结构预埋件应事先埋好，已完成的水泥砂浆防水层不允许剔凿孔洞。

6.0.4 地面养护期间，不准车辆行走或堆压重物。

7 注意事项

7.1 应注意的质量问题

7.1.1 防水砂浆所用原材料的品种和性能应符合设计要求；水泥的凝结时间和安定性复验应合格；防水砂浆的配合比应符合设计要求。

7.1.2 抹砂浆时应严格控制水胶比，不得随意加大砂浆的稠度；当稠度过大时，可加同配合比较干硬的砂浆压抹，不得撒干水泥，以防造成起皮。

7.1.3 抹砂浆前，混凝土基层充分湿润，油污用氢氧化钠洗净，并刷界面剂一遍，保证砂浆与基层粘结牢固。

7.1.4 防水砂浆涂抹时各层时间应掌握恰当，分层刮涂时应压实、抹平最后一层表面压光。

7.1.5 水泥砂浆防水层施工缝清理时，应用钢丝刷将表面沾污物刷净，边刷边用水冲洗干净和保持湿润，然后涂刷水泥净浆或界面砂浆，并及时接槎。施工缝留槎位置应正确，接茬应采用阶梯坡形槎，其搭接宽度宜为400mm。

7.1.6 防水砂浆终凝后应及时养护，养护条件应符合所用材料的有关规定，以防水泥砂浆早期脱水而产生裂缝。

7.1.7 聚合物水泥防水砂浆的保质期为6个月，干粉类产品可用袋装或塑料桶包装；乳液类的产品用密封性较好的塑料桶或内衬塑料袋密封的塑料桶包装。运输过程中要防止雨淋、防冻、防包装破损，储存时严格防潮防冻。

7.1.8 聚合物水泥防水砂浆施工时，应严格按照产品使用说明书中写明的配合比、推荐用水量、施工注意事项等内容。

7.2　应注意的安全问题

7.2.1　配制砂浆掺用外加剂时，操作人员应戴防护用品，对有毒的外加剂应按有关规定严格控制和管理。

7.2.2　上班前必须检查脚手架板，发现问题时应立即修理。脚手板上的工具材料应分散放置稳当，不得超载。

7.2.3　临时照明及动力配电线路敷设，应绝缘良好并符合有关规定。

7.2.4　基坑边坡必须稳固，如有坍塌危险时，应立即停止作业并及时采取坡顶卸载，加设支撑等有效措施。

7.3　应注意的绿色施工问题

7.3.1　严格按施工组织设计要求合理布置施工现场的临时设施，做到材料堆放整齐，标识清楚，办公环境文明，施工现场每日清扫，严禁在施工现场及其周围随地大小便，确保工地文明卫生。

7.3.2　做好安全防火工作，严禁工地现场吸烟或其他不文明行为。

7.3.3　施工场地应平整，夜间施工照明应有保证。

7.3.4　注意施工废水排放，防止造成下水管道堵塞。

7.3.5　施工产生的废弃物质要及时清理，外运至指定地点，避免污染环境。

8　质量记录

8.0.1　防水砂浆的原材料出厂合格证、质量检验报告及现场抽样试验报告。

8.0.2　防水砂浆配合比通知单。

8.0.3　隐蔽工程检查验收记录。

8.0.4　水泥砂浆防水层检验批质量验收记录。

8.0.5　水泥砂浆防水层分项工程质量验收记录。

8.0.6　其他技术文件。

第3章 卷材防水层

本工艺标准适用于经常处在地下水环境，且受侵蚀性介质或受振动作用的地下工程。

1 引用标准

《氯化聚乙烯防水卷材》GB 12953—2003

《高分子防水材料 第1部分：片材》GB 18713.1—2012

《高分子防水卷材胶粘剂》JC/T 863—2011

《丁基橡胶防水密封胶粘带》JC/T 942—2004

《地下工程防水技术规范》GB 50108—2008

《地下防水工程质量验收规范》GB 50208—2011

《建筑工程施工质量验收统一标准》GB 50300—2013

《弹性体改性沥青防水卷材》GB 18242—2008

《自粘聚合物改性沥青防水卷材》GB 23441—2009

《改性沥青聚乙烯胎防水卷材》GB 18967—2009

《带自粘层的防水卷材》GB/T 23260—2009

《沥青基防水卷材用基层处理剂》JC/T 1069—2008

2 术语

2.0.1 外防外粘法：待钢筋混凝土外墙施工完毕后，直接把卷材防水层粘贴在钢筋混凝土的外墙上（即迎水面），最后做卷材防水层保护层的施工方法。

2.0.2 外防内粘法：在结构外墙施工前先砌筑永久性保护墙，将卷材防水层粘贴在保护墙上，再浇筑钢筋混凝土的施工方法。

3 施工准备

3.1 作业条件

3.1.1 防水工程应有施工方案及技术交底。

3.1.2 防水层施工期间，必须保持地下水位稳定在基底 0.5m 以下，必要时应采取降水措施。

3.1.3 防水层的基层表面应平整、牢固，不空鼓、不起砂。施工前，应将基层清扫干净。

3.1.4 防水材料及机具已准备就绪，可满足施工要求。

3.1.5 防水施工人员应经过理论与实际施工操作的培训，并持证上岗。

3.1.6 卷材防水层外防外贴法的施工顺序：

混凝土垫层施工→砌筑永久性保护墙→砌筑临时性保护墙→

内墙面抹灰浇筑钢筋混凝土底板和墙体→拆除临时保护墙→

外墙面找平层施工→涂刷基层处理剂→铺贴外墙面卷材→

卷材保护层施工→基坑回填土

3.1.7 卷材防水层外防内贴法施工顺序：

混凝土垫层施工→外墙保护墙施工→平立面找平层施工→

涂刷平立面基层处理剂→加强层施工→铺贴平立面卷材→

卷材保护层施工→钢筋混凝土结构施工

3.1.8 卷材运输与贮存：

1 不同类型、规格的产品应分别堆放，不得混杂。

2 避免日晒雨淋、受潮、注意通风，贮存温度不应高于 45℃。

3 改性沥青防水卷材平放贮存不宜超过 5 层，立放贮存不宜超过 2 层。

4 高分子防水卷材平放贮存不宜超过 5 层，立放贮存应单层堆放，禁止与酸碱、油类及有机溶剂接触。

5 防水卷材的贮存期为一年。

3.2 材料及机具

3.2.1 防水卷材

1 改性沥青防水卷材宜采用弹性改性沥青卷材、改性沥青聚乙烯胎防水卷

17

材、自粘聚合物改性沥青防水卷材等。卷材外观质量、品种规格应符合国家现行标准规定。改性沥青防水卷材的主要物理性能应符合表 3-1 的要求。

2 高分子防水卷材宜采用三元乙丙橡胶防水卷材和聚氨酯防水卷材，物理性能应符合表 3-1 的要求。

改性沥青防水卷材的主要物理性能 表 3-1

项目		指标				
		弹性体改性沥青防水卷材			自粘聚合物改性沥青防水卷材	
		聚酯毡胎体	玻纤毡胎体	聚乙烯膜胎体	聚酯毡胎体	无胎体
可溶物含量（g/m²）		3mm 厚≥2100 4mm 厚≥2900			3mm 厚 ≥2100	—
拉伸性能	拉力（N/50mm）	≥800（纵横向）	≥500（纵横向）	≥140（纵向）	≥450（纵横向）	≥180（纵横向）
				≥120（横向）		
	延伸率（%）	最大拉力时≥40（纵横向）	—	断裂时≥250（纵横向）	最大拉力时≥30（纵横向）	断裂时≥200（纵横向）
低温柔度（℃）		—25，无裂纹				
热老化后低温柔度（℃）		—20，无裂纹			—22，无裂纹	
不透水性		压力 0.3MPa，保持时间 120min，不透水				

3.2.2 基层处理剂：基层处理应与卷材及胶粘剂的材性相容。

1 沥青基防水卷材基层处理剂的主要物理性能应符合表 3-2 的要求。

沥青基防水卷材基层处理剂的主要物理性能 表 3-2

项目		技术指标	
		W	S
黏度（Pa·s）		规定值±30%	
表干时间（h）	＞	4	2
固体含量（%）	＞	40	30
剥离强度（N/mm）	≥	0.8	
浸水后剥离强度（N/mm）	≥	0.8	

2 高分子防水卷材一般采用生产厂家配套的基层处理剂。

3.2.3 卷材胶粘剂

1 胶粘剂应与粘贴的卷材材性相容。改性沥青防水胶粘剂的粘结剥离强度不应小于 8N/10mm。

2 高分子防水卷材胶粘剂的主要物理性能见表 3-3。

高分子防水卷材胶粘剂的主要物理性能 表3-3

序号	项目			技术指标	
				基底胶 J	搭接胶 D
1	黏度（Pa·s）			规定值±20%	
2	不挥发物含量			规定值±2	
3	适用期（min）		≥	180	
4	剪切状态下的粘合计	卷材—卷材	标准试验条件（N/mm） ≥	—	3.0 或卷材破坏
			热处理后保持率（%）80℃，168h ≥	—	70
			碱处理后保持率（%）10%Ca(OH)，168h ≥	—	70
		卷材—基层	标准试验条件（N/mm） ≥	2.5	—
			热处理后保持率（%）80℃，168h ≥	70	—
			碱处理后保持率（%）10%Ca(OH)，168h ≥	70	—
5	剥离强度	卷材—卷材	标准试验条件（N/mm） ≥	—	1.5
			浸水后保持率（%）168h ≥	—	70

3.2.4 卷材胶粘带：采用丁基橡胶防水密封胶粘带，主要物理性能见表3-4。

采用丁基橡胶防水密封胶粘带主要物理性能 表3-4

序号	检测项目			技术指标
1	持黏性（min）		≥	20
2	耐热性，80℃，2h			无流淌、龟裂、变形
3	低温柔性，−40℃			无裂缝
4	剪切状态下的粘合性（N/mm）	防水卷材	≥	2.0
5	剥离强度	防水卷材	≥	0.4
		水泥砂浆板	≥	0.6
		彩钢板	≥	
6	剥离强度保持率，%	热处理，80℃，168h	防水卷材 ≥	80
			水泥砂浆板 ≥	
			彩钢板 ≥	
		碱处理，饱和氢氧化钙溶液、168h	防水卷材 ≥	80
			水泥砂浆板 ≥	
			彩钢板 ≥	
		浸水处理，168h	防水卷材 ≥	80
			水泥砂浆板 ≥	
			彩钢板 ≥	

注：1. 第4项仅测试双面胶粘带；
2. 第5和第6项中，测试 R 类试样时采用防水卷材和水泥砂浆板基材，测试 M 类试样时采用钢板基材。

3.2.5 密封材料：采用改性沥青密封材料及合成高分子密封材料。

3.2.6 汽油、二甲苯或乙酸乙酯：用于稀释或清洗工具。

3.2.7 机具：喷涂机、电动搅拌机、小平铲、钢丝刷、笤帚、油漆刷、铁桶、胶皮刮板、单双筒火焰加热器、手持压辊、手推车、防护用品、消防器材、裁剪刀、钢卷尺、钢管或铁锹把（长1.5m）、粉笔等。

4 操作工艺

4.1 工艺流程

基层处理 → 涂刷基层处理剂 → 卷材防水铺贴 → 防水卷材收头 →

卷材保护层

4.2 基层清理

4.2.1 铺贴防水卷材前，基层表面的杂物和凸出物应清除干净。

4.2.2 基面应坚实、平整、清洁。基层阴阳角处应做成圆弧或45°坡角，圆弧直径应根据卷材品种确定。

4.3 涂刷基层处理剂

4.3.1 基层处理剂应按有关规定或说明书的配合比要求准确计量，混合后应搅拌3～5min，使其充分均匀。

4.3.2 铺贴卷材前应在基面上涂刷基层处理剂，当基面潮湿时，应涂刷湿固化型胶粘剂或潮湿界面处理剂。

4.3.3 基层处理剂可选用喷涂或涂刷施工工艺，涂层应均匀一致，干燥后手触不粘手应及时铺贴卷材。

4.4 卷材防水层铺贴

4.4.1 在转角处、变形缝、施工缝、穿墙管等部位应铺贴卷材加强层，加强层宽度不应小于500mm。

4.4.2 铺贴卷材应采用搭接法，上下两层和相邻两幅卷材的接缝应错开1/3～1/2幅宽，且上下两层两幅卷材不得相互垂直铺贴。卷材的搭接宽度符合表3-5的要求。

防水卷材的搭接宽度 表 3-5

卷材品种	搭接宽度（mm）
弹性体改性沥青防水卷材	100
改性沥青聚乙烯胎防水卷材	100
自粘聚合物改性沥青防水卷材	80
三元乙丙橡胶防水卷材	100/60（胶粘剂/胶粘带）
聚氯乙烯防水卷材	60/80（单焊缝/双焊缝），100（胶粘剂）

4.4.3 底板垫层混凝土平面部位的卷材宜采用空铺法或点粘法；其他与混凝土结构相接触的部位，应采用满粘法。

4.4.4 冷粘法

1 将卷材放在弹出的基准线位置上，一般在基层上和卷材背面均涂刷胶粘剂，根据胶粘剂的性能，控制胶粘剂涂刷与卷材铺贴的间隔时间，边涂边将卷材滚动铺贴。

2 胶粘剂应涂刷均匀，不得漏底、堆积。

3 铺贴时不得用力拉伸卷材，排除卷材下面的空气，辊压粘贴牢固。

4 铺贴卷材应平整、顺直，搭接尺寸准确，不得扭曲、皱折。

5 接缝部位采用专用胶粘剂或胶粘带满粘，接缝口用密封材料封严，其宽度不应小于 10mm。

4.4.5 热溶法

1 将卷材放在弹出的基准线位置上，并用火焰加热烘烤卷材底面，火焰加热器加热卷材应均匀，不得加热不足或烧穿卷材。

2 卷材表面热熔后立即滚铺，排除卷材下面的空气，并粘结牢固。

3 铺贴卷材应平整、顺直，搭接尺寸准确，不得扭曲、皱折。

4 卷材接缝部位应溢出热熔的改性沥青胶料，并粘贴牢固，封闭严密。

4.4.6 自粘法

1 将卷材有黏性的一面朝向主体结构，直接粘贴于弹出基准线的位置上。

2 外墙、顶板铺贴时，排除卷材下面的空气，辊压粘贴牢固。

3 铺贴卷材应平整、顺直，搭接尺寸准确，不得扭曲、皱折和起泡。

4 立面卷材铺贴完成后，应将卷材端头固定，并应用密封材料封严。

5 低温施工时，宜对卷材和基面采用热风适当加热，然后铺贴卷材。

4.4.7 焊接法

1 直接将卷材放在弹出的基准线位置上，卷材按要求进行搭接；

2 单焊缝搭接宽度应为60mm，有效焊接宽度不应小于30mm；

3 双焊缝搭接宽度应为80mm，中间应留设10～20mm的空腔，有效焊接宽度不宜小于10mm；

4 焊接缝的结合面应清理干净，焊接要严密；

5 焊接时控制热风加热温度和时间，滚压、排气、焊接严密，应先焊长边搭接缝，后焊短边搭接缝。

4.4.8 卷材防水层外防外贴法施工

1 铺贴卷材应先铺平面，后铺立面，平立面交接处应交叉搭接。

2 临时性保护墙应用石灰砂浆砌筑，内表面宜做找平层。

3 从底面折向立面的卷材与永久保保护墙的接触部位，应采用空铺法施工；卷材与临时性保护墙或围护结构模板搭接处部位，应将卷材临时贴附在该墙上或模板上，并应将顶端临时固定。

4 当不设保护墙时，从底面折向立面的卷材接槎部位，应采取可靠的保护措施。

5 混凝土结构完成，铺贴立面卷材时，应先将接槎部位的各层卷材揭开，并将其表面清理干净，如卷材有局部损伤，应及时进行修补；高分子卷材接槎的搭接宽度为100mm，聚物改性沥青卷材接槎的搭接长度为150mm；当使用两层卷材时，卷材应错槎接缝，上层卷材应盖过下层卷材。

4.4.9 卷材防水层外防内贴法施工

1 混凝土结构的保护墙内表面应抹厚度为20mm厚的1∶3水泥砂浆找平层，然后铺贴卷材。

2 卷材宜先铺立面，后铺平面。铺贴立面时，应先铺转角，后铺大面。

4.5 防水卷材收头

4.5.1 全埋式地下工程顶板与外墙转角处，外墙的卷材应先铺贴至顶板不小于250mm，顶板卷材再铺贴至外墙不小于250mm，且卷材收头应采用密封材料封严。

4.5.2 附建式全地下室或半地下室的外墙防水层，应高出室外地坪高程500mm以上，立面卷材收头的端部应裁齐，塞入预留的凹槽内，用金属压条钉压固定，并用密封材料封严。

4.6　卷材保护层

4.6.1　卷材防水层完工并经检查合格后，应按设计要求及时做保护层。

4.6.2　顶板卷材防水层上的细石混凝土保护层：采用机械碾压回填土时，保护层厚度不宜小于 70mm；采用人工回填土时，保护层厚度不宜小于 50mm；防水层与保护层之间宜设置隔离层。

4.6.3　底板卷材防水层上的细石混凝土保护层厚度不应小于 50mm，防水层与保护层之间应设置隔离层。

4.6.4　侧墙卷材防水层宜采用软质保护材料或铺抹 20mm 厚 1∶2.5 水泥砂浆层。

5　质量标准

5.1　主控项目

5.1.1　卷材防水层所用卷材及其配套材料必须符合设计要求。

5.1.2　卷材防水层在转角处、变形缝、施工缝、穿墙管、埋设件等部位做法必须符合设计要求。

5.2　一般项目

5.2.1　卷材防水层的搭接缝应粘结或焊接牢固，密封严密，不得有扭曲、折皱、翘边和起泡等缺陷。

5.2.2　采用外防外贴法铺贴卷材防水层时，立面卷材接槎的搭接宽度，高聚物改性沥青防水卷材应为 150mm，合成高分子类卷材应为 100mm，且上层卷材应盖过下层卷材。

5.2.3　侧墙卷材防水层的保护层与防水层应结合紧密，保护层厚度应符合设计要求。

5.2.4　卷材搭接宽度的允许偏差为 -10mm，用尺量检查。

6　成品保护

6.0.1　卷材运输及或保管时平放不得高于 4 层，不得横放、斜放，应避免日晒、雨淋、受潮。

6.0.2　穿过墙面的管道、埋设件等，不得碰坏或造成变位。

6.0.3　卷材防水层铺贴完成后，应及时做好保护层或砌筑保护墙。

6.0.4　卷材防水层施工，不得在防水层上堆置材料，操作人员不得穿带钉的鞋作业。

6.0.5　卷材防水层施工后，进行下道工序施工时，应采取有效措施，防止卷材受损。

7　注意事项

7.1　应注意的质量问题

7.1.1　防水卷材的品种繁多，性能各异，铺贴时应使用相配套的基层处理剂和卷材胶粘剂。

7.1.2　卷材铺贴时，应注意墙面基层干燥，铺压严实，将空气排除干净，使卷材粘贴牢固。

7.1.3　热熔法铺贴卷材时，火焰加热器加热卷材应均匀，不得过分加热或烧穿卷材；厚度小于3mm的改性沥青卷材严禁采用热熔法施工。

7.1.4　阴阳角、穿墙管道等细部的卷材附加层，裁剪时应与构造形状相符合，并粘贴压实严密。

7.2　应注意的安全问题

7.2.1　所用的卷材、胶粘剂、二甲苯等属易燃品，存放与施工时应注意防火，并备有防火器材。

7.2.2　热熔法施工，操作人员应防止烫伤、烧伤。

7.2.3　使用过的工具，应及时用二甲苯、汽油有机溶剂清洗干净，同时应防止有机溶剂中毒。

7.3　应注意的绿色施工问题

7.3.1　基层表面砂浆硬块及突出物清理产生的噪声、扬尘应有效控制；报废的扫帚、砂纸、钢丝刷、防水和密封材料包装物等应及时清理。

7.3.2　胶粘剂、基层处理剂应用密封筒包装，防止挥发、遗洒；防水材料应储存在阴凉通风的室内，避免雨淋、日晒或受潮变质，并远离火源、热源。

7.3.3　防水材料的边角料应回收处理。

8　质量记录

8.0.1　卷材及主要配套材料出厂合格证、质量检验报告和现场抽样试报告。

8.0.2　隐蔽工程检查验收记录。

8.0.3　细部构造检验批质量验收记录。

8.0.4　卷材防水层检验批质量验收记录。

8.0.5　卷材防水层分项工程质量验收记录。

8.0.6　其他技术文件。

第4章 涂料防水层

本工艺标准适用于受侵蚀性介质作用或受振动作用的地下工程；有机防水涂料宜用于主体结构的迎水面，无机防水涂料宜用于主体结构的迎水面或背水面。

1 引用标准

《地下工程防水技术规范》GB 50108—2008

《地下防水工程质量验收规范》GB 50208—2011

《建筑工程施工质量验收统一标准》GB 50300—2013

《水泥基渗透结晶型防水材料》GB 18445—2012

《聚氨酯防水涂料》GB/T 19250—2013

《聚合物乳液建筑防水涂料》JC/T 864—2008

《聚合物水泥防水涂料》GB/T 23445—2009

《建筑防水涂料用聚合物乳液》JC/T 1017—2006

2 术语

2.0.1 有机防水涂料：主要包括反应性、水乳型、聚合物水泥等涂料，固化后形成柔性防水层。用于主体结构的迎水面做防水层。

2.0.2 无机防水涂料：主要包括掺外加剂、掺合料的水泥基防水涂料或水泥基渗透结晶型防水涂料，可改善水泥固化后的物理力学性能。用于主体结构的迎水面或背水面做防水层。

2.0.3 胎体增强材料：聚酯无纺布、化纤无纺布或玻纤无纺布等纤维材料，在两层涂膜之间铺贴用以提高涂膜的抗拉强度和改善其延伸率，使涂膜具有较好的力学性能。

3 施工准备

3.1 作业条件

3.1.1 防水工程应有施工方案及技术交底。

3.1.2 防水层施工期间，必须保持地下水位稳定在基底 0.5m 以下，必要时应采取降水措施。

3.1.3 防水层的基层表面应平整、牢固，不空鼓、不起砂。施工前，应将基层清扫干净。

3.1.4 防水材料及机具已准备就绪，可满足施工要求。

3.1.5 防水施工人员应经过理论与实际施工操作的培训。并持证上岗。

3.1.6 同第 3 章卷材防水层 3.1.6（外防外涂法）。

3.1.7 同第 3 章卷材防水层 3.1.7（外防内涂法）。

3.1.8 涂料的运输和贮存：

1 不同类型、规格的产品应分别堆放，不应混杂。

2 避免日晒雨淋，注意通风、贮存温度宜为 5～40℃。

3 聚氨酯防水涂料禁止接近火源，防止碰撞。

4 防水涂料的贮存期为半年。

3.1.9 有机防水涂料及五级防水涂料的施工环境温度为 5～35℃。

3.2 材料及机具

3.2.1 防水涂料：有机防水涂料应采用反应性、水乳型、聚合物水泥等涂料。无机防水涂料应采用掺外加剂、掺合料的水泥基防水涂料或水泥基渗透结晶型防水涂料。有机防水涂料和无机防水涂料主要物理性能见表 4-1、表 4-2。

有机防水涂料主要物理性能表　　　　　　　　表 4-1

涂料种类	可操作性（min）	潮湿基层粘结强度（MPa）	抗渗性涂膜（30min）	砂浆迎水面	砂浆背水面	耐水性（%）	表干（h）	实干（h）
反应型	≥20	≥0.3	≥0.3	≥0.6	≥0.2	≥80	≤8	≤24
水乳型	≥50	≥0.2	≥0.3	≥0.6	≥0.2	≥80	≤4	≤12
聚合物水泥	≥30	≥0.6	≥0.3	≥0.8	≥0.6	≥80	≤4	≤12

无机防水涂料主要物理性能表 表 4-2

涂料种类	抗折强度（MPa）	粘结强度（MPa）	抗渗性（MPa）	冻融循环
水泥基防水涂料	≥4	≥1.0	≥0.8	>D50
水泥基渗透结晶防水涂料	≥3	≥1.0	≥0.8	>D50

3.2.2 基层处理剂：

1 反应型涂料可直接用相应的溶剂稀释后的涂料薄涂。

2 水乳型涂料可直接用聚合物乳液与水泥在施工现场随配随用。

3 聚合物水泥涂料、水泥渗透结晶型涂料可直接用水稀释后的涂料外观薄涂应均匀，无团状。

3.2.3 乙酸乙酯：工业纯，用于清洗手上凝胶。

3.2.4 二甲苯：工业纯，用于稀释和清洗工具。

3.2.5 胎体增强材料：聚酯无纺布、化纤无纺布平整无皱折。胎体增强材料的主要物理性能见表4-3。

胎体增强材料的主要物理性能 表 4-3

项目		质量要求		
		聚酯无纺布	化纤无纺布	玻纤网布
外观		均匀无团状，平整无折皱		
拉力（N/50mm）	纵向	≥150	≥45	≥90
	横向	≥100	≥35	≥50
延伸率（%）	纵向（100%）	≥10	≥20	≥3
	横向（100%）	≥20	≥25	≥3

3.2.6 机具：垂直运输机具、作业面水平运输机具、电动搅拌器、搅拌桶、小铁桶、小平铲、塑料或橡胶刮板、滚动刷、毛刷、小抹子、笤帚、磅秤等。

4 操作工艺

4.1 工艺流程

基层清理 → 喷涂基层处理剂 → 涂料防水层施工 → 防水涂料收头 → 涂料防水层

4.2 基层清理

4.2.1 施工前，基层表面凸出物应铲除干净。无机防水涂料基层表面应干净、平整、无浮浆和明显积水。有机防水涂料基层表面应基本干燥，不应有气孔、凹凸不平、蜂窝麻面等缺陷。

4.2.2 采用有机涂料时，基层阴阳角处应做成圆弧，阴角的圆弧直径宜为50mm。阳角圆弧直径宜为 10mm。

4.3　喷涂基层处理剂

4.3.1 涂料施工前应在基层上涂刷基层处理剂，当基面较潮湿时，应涂刷湿固化型胶粘剂或潮湿界面隔离剂。

4.3.2 基层处理剂可选用喷涂或涂刷施工工艺，涂层应均匀一致，干燥后（手触不粘时）应及时施工涂料防水层。

4.3.3 涂刷时宜用长把滚刷均匀将底胶涂刷在基层表面，并使涂料尽量刷进基层表面毛细孔中。

4.4　涂料防水层施工

4.4.1 在转角处、变形缝、施工缝、穿墙管等部位应增设涂料附加层，加强层宽度不应小于 500mm，涂料加强层应平铺，胎体增强材料其同层相邻的搭接宽度不应小于 100mm。上下两层的接缝应错开 1/3 幅宽，且上下两层胎体不得相互垂直铺贴。胎体层应充分浸透防水涂料，不得有露白及褶皱。

4.4.2 双组分或多组分涂料应按配合比准确计量，应采用电动机具搅拌均匀，并应根据有效时间确定每次配置的用量。

4.4.3 涂料涂刷或喷涂时应薄涂多遍完成，涂层总厚度应符合设计要求。涂布顺序应先立面、后平面，先阴阳角及细部节点后大面，每遍涂刷时应交替改变涂层的涂刷方向，同遍涂料的先后搭压宽度宜为 30～50mm。待前一遍涂料实干后（即触手不粘时）再进行后一遍涂料的施工。

4.4.4 涂料防水层的甩槎处接槎宽度不应小于 100mm，接涂前应将其甩槎表面处理干净。

4.4.5 涂料防水层外防外涂法施工

在浇筑混凝土底板和结构墙体之前，先做混凝土垫层，在垫层的四周临时砌保护墙，再涂防水层，然后浇筑底板和墙身混凝土。拆除侧模后，继续涂刷结构外墙防水涂料。

4.4.6 涂料防水外防内涂法施工

在地下建筑墙体施工前先砌筑保护墙，然后将防水涂料涂刷在保护墙上，最后施工地下建筑墙体。

4.5　防水涂料收头

4.5.1　全埋式地下工程与顶板与外墙转角处，外墙的涂料应先涂刷至顶板不小于 250mm，顶板的涂料再涂刷至外墙不小于 250mm，且涂料收头应用防水涂料多遍涂刷。

4.5.2　附建式全地下室或半地下室的外墙防水层高出室外地坪 500mm 以上，立面涂料应用防水涂料多遍涂刷。

4.6　涂料保护层

4.6.1　涂料防水层施工完并经验收合格后，按设计要求做保护层。

4.6.2　顶板的细石混凝土保护层与防水层之间宜设置隔离层。细石混凝土保护层厚度：机械碾压回填土时不宜小于 70mm，人工回填土时不宜小于 50mm。

4.6.3　底板的细石混凝土保护层厚度不应小于 50mm。

4.6.4　侧墙宜采用软质保护材料或铺抹 20mm 厚 1：2.5 水泥砂浆层。

5　质量标准

5.1　主控项目

5.1.1　涂料防水层所用的材料及配合比必须符合设计要求。

5.1.2　涂料防水层的平均厚度应符合设计要求，最小厚度不得小于设计厚度的 90％。

5.1.3　涂料防水层在转角处、变形缝、施工缝、穿墙管、桩头等部位做法必均须符合设计要求。

5.2　一般项目

5.2.1　涂料防水层应与基层粘结牢固，涂刷均匀，不得流淌、鼓泡、露槎。

5.2.2　涂层间夹铺胎体增强材料时，应使防水涂料浸透胎体覆盖完全，不得有胎体外露现象。

5.2.3　侧墙涂料防水层的保护层与防水层应结合紧密，保护层厚度应符合设计要求。

6　成品保护

6.0.1　操作人员应按顺序作业，避免在未固化的涂料防水层上行走；严禁在防水层上堆放物品。

6.0.2 穿过墙面的管道、预埋件、变形缝处，涂料施工时不得碰损、变位。

6.0.3 防水涂料固化后，应及时做保护层。

6.0.4 涂料防水层施工时应经常检查，发现鼓泡或破损应及时处理。

6.0.5 涂膜固化前如有降雨可能时，应及时做好已完涂层的保护工作。

7 注意事项

7.1 应注意的质量问题

7.1.1 多组分防水涂料配比应准确，搅拌要充分、均匀，掌握适当的稠度、黏度和固化时间，以保证涂刷质量。多组分防水涂料操作时必须做到各组分的容器、搅拌棒、取料勺等不得混用，以免产生凝胶。

7.1.2 控制胎体增强材料铺设的时机、位置，铺设时要做到平整、无皱折、无翘边，搭接准确。涂层间夹铺胎体增强材料时，应使防水涂料浸透胎体覆盖完全，不得有胎体外露现象。

7.1.3 严格控制防水涂膜层的厚度和分遍涂刷厚度及间隔时间，涂刷应厚薄均匀，表面平整。如发现涂膜层有破损或不合格之处，应用小刀将其割掉，重新分层涂刷防水涂料。

7.1.4 转角处、变形缝、施工缝、穿墙管等部位，应加铺胎体增强材料附加层，一般先涂刷一遍涂料，随即铺贴事先剪好的胎体增强材料，用毛刷反复刷匀，贴实不皱折，干燥后再涂刷一遍涂料。

7.2 应注意的安全问题

7.2.1 防水涂料应贮存在阴凉、远离火源的地方，贮仓及施工现场应严禁烟火。

7.2.2 施工现场应通风良好，在通风条件差的地下室作业，应采取通风措施，操作人员每隔 1～2h 应到室外休息 10min。

7.2.3 现场操作人员应戴防护手套，避免污染皮肤。

7.2.4 高温天气施工，应做好防暑降温措施。

7.3 应注意的绿色施工问题

7.3.1 涂料应达到环保要求，应选用符合环保要求的溶剂。

7.3.2 基层表面砂浆硬块及突出物清理产生的噪音、扬尘应有效控制；报废的扫帚、砂纸、钢丝刷、防水和密封材料包装物等应及时清理。

7.3.3 基层处理剂应用密封筒包装，防止挥发、遗洒。

7.3.4 防水材料的边角料应回收处理。

8　质量记录

8.0.1 涂料防水层所用材料出厂合格证、质量检验报告和现场抽样试验报告。

8.0.2 隐蔽工程检查验收记录。

8.0.3 细部构造检验批质量验收记录。

8.0.4 涂料防水层检验批质量验收记录。

8.0.5 涂料防水层分项工程质量验收记录。

8.0.6 其他技术文件。

第5章 聚乙烯丙纶防水层

本工艺标准适用于经常处在地下水环境，且受侵蚀性介质或受振动作用的地下工程。

1 引用标准

《地下工程防水技术规范》GB 50108—2008
《地下防水工程质量验收规范》GB 50208—2011
《建筑工程施工质量验收统一标准》GB 50300—2013
《高分子防水材料 第1部分：片材》GB 18173.1—2012

2 术语

2.0.1 聚乙烯丙纶卷材：是由聚乙烯与助剂等组合热熔而挤出，两面热覆丙纶纤维无纺布形成的卷材。

2.0.2 聚合物水泥防水粘结材料：是以聚合物乳液或聚合物再分散性粉末等聚合物材料和水泥为主要材料，掺加外加剂、添加料等混合组成。产品分为乳液和干粉类两种。

3 施工准备

3.1 作业条件

3.1.1 防水工程应有施工方案及技术交底。

3.1.2 防水层施工期间，必须保持地下水位稳定在基底0.5m以下，必要时应采取降水措施。

3.1.3 防水层的基层表面应平整、牢固，不空鼓、不起砂。施工前，应将基层清扫干净。

3.1.4 防水材料及机具已准备就绪，可满足施工要求。

3.1.5　防水施工人员应经过理论与实际施工操作的培训，并持证上岗。

3.1.6　聚乙烯丙纶防水层应由聚乙烯丙纶卷材与聚合物水泥防水粘结材料复合使用。防水粘结材料应与聚乙烯丙纶卷材配套提供。

3.1.7　冷粘法的施工环境温度不宜低于5℃。

3.1.8　铺贴卷材严禁在雨天、雪天、五级及以上大风时施工。

3.2　材料及机具

3.2.1　聚乙烯丙纶卷材：卷材外观质量、品种规格应符合国家现行标准规定；聚乙烯丙纶卷材的主要物理性能应符合表5-1的要求。

聚乙烯丙纶防水卷材的主要物理性能　　　　　表5-1

项目	指标
断裂拉伸强度（N/10mm）	≥60
断裂伸长率（％）	≥300
低温弯折性（℃）	−20，无裂纹
不透水性（0.3MPa；120min）	不透水
撕裂强度（N/10mm）	≥20
复合强度（N/mm）（表层与芯层）	≥1.2

3.2.2　聚合物水泥防水粘结材料，其主要物理性能应符合表5-2的要求。

聚合物水泥防水粘结材料的主要物理性能　　　　　表5-2

项目		指标
与水泥基面的粘结 拉伸强度（MPa）	常温28d	≥0.6
	耐水性	≥0.4
	耐冻性	≥0.4
可操作时间（h）		≥2
抗渗性（MPa，7d）		≥1.0
剪切状态下的粘合性 （N/mm，常温）	卷材与卷材	≥2.0 或卷材断裂
	卷材与基面	≥1.8 或卷材断裂

3.2.3　聚乙烯丙纶卷材在运输与贮存时，应注意勿时包装损坏，放置于通风、干燥处，贮存垛高不应超过平放五个卷材高度。堆放时应衬垫平整的木板，离地面200mm，并应避免阳光直射，禁止与酸、碱油类及有机溶剂等接触且隔离热源。卷材的贮存期为一年。

3.2.4 聚合物水泥防水粘结材料的液体组分应用密封的容器包装，固体组分包装应密封防潮。产品应在干燥、通风、阴凉的场所贮存，液体组分贮存温度不应低于5℃。产品的贮存期为半年。

3.2.5 机具：喷涂机、电动搅拌器、小平铲、钢丝刷、笤帚、铁桶、滚刷、油漆刷、压辊、刮板、防护用品、钢卷尺、粉笔、裁剪刀、台秤等。

4 操作工艺

4.1 工艺流程

基层清理 → 配制防水粘结材料 → 防水加强层铺贴 → 大面卷材铺贴 → 卷材保护层施工

4.2 基层清理

4.2.1 铺贴防水卷材前，基层表面的凸出物应铲除，灰尘、油脂及杂物应清扫干净。

4.2.2 基面应坚实、平整、清洁。基层阴阳角处应做成圆弧或45°坡角，圆弧半径为70mm。不符合基层条件时，应及时进行修补。

4.2.3 基层应保持湿润，但不得有积水。

4.3 配制防水粘结材料

4.3.1 与卷材配套的聚合物水泥防水粘结材料，应按生产厂家的产品使用说明书配制，计量应准确，搅拌应均匀，搅拌时应采用电动搅拌器。拌制好的防水粘结材料，应在规定的时间内用完。

4.3.2 现场配制聚合物水泥防水粘结材料，应按聚合物乳液（或胶粉）和水泥配比，先使聚合物材料放入准备好的容器内，用搅拌器边搅拌边加水泥，加入水泥搅拌后无凝块、无沉淀时即可使用。一般气温不大于25℃时，配制的材料用在2h内用完。

4.3.3 铺贴卷材前，应在基面上涂刷基层处理剂，当基面潮湿时，应涂刷湿固化型胶粘剂或潮湿界面处理剂。

4.4 防水加强层铺贴

4.4.1 在转角处、变形缝、施工缝、穿墙管等部位，应铺贴防水加强层，加强层宽度不应小于500mm。

4.4.2 防水加强层宜采用聚乙烯丙纶卷材或聚合物水泥防水涂料。

4.4.3 卷材加强层用满粘,不得扭曲、皱折、空鼓、涂料加强层应夹铺胎体增强材料,涂料总厚度不应小于1.5mm。

4.5 大面卷材铺贴

4.5.1 卷材铺贴应顺水流方向搭接,并从防水层最低处开始向上铺贴。上下两层和相邻两幅卷材的接缝应错开1/3～1/2幅宽,且上下两层卷材不得相互垂直铺贴。

4.5.2 铺贴卷材前,应在基层上弹出基准线,或在铺好卷材边量取规定的搭接宽度弹出控制线,卷材的长边和短边搭接宽度均不应小于100mm。

4.5.3 卷材铺贴

1 将配制好的聚合物水泥防水粘结材料,均匀地批刮或抹压在基层上,粘结材料应批抹均匀,不得有露底和堆积现象,用量不应小于2.5kg/m²,施工固化厚度不应小于1.3mm。

2 在铺设部位将卷材预放约5～10m,找正方向后中间固定,将卷材卷回至固定处,批抹粘结材料后即将预放的卷材重新展开至粘贴的位置。同时边批抹边铺贴卷材,卷材铺贴时不得拉紧,应保持自然状态。

3 铺贴卷材时,应用刮板向两边抹压,赶出卷材下面的空气,接缝部位应挤出粘结材料并批刮封口。搭接缝表面应涂刷1.3mm厚,50mm宽的防水粘结材料。

4 地下工程聚乙烯丙纶防水层的厚度,卷材应为(7+7)mm,粘结材料应为(1.3+1.3)mm。

4.6 卷材保护层施工

4.6.1 卷材防水层经检查合格后,应按设计要求及时做保护层。

4.6.2 顶板卷材防水层上的细石混凝土保护层:采用机械碾压回填土时,保护层厚度不宜小于70mm;采用人工回填土时,保护层厚度不宜小于50mm;防水层与保护层之间宜设置隔离层。

4.6.3 底板卷材防水层上的细石混凝土保护层厚度不应小于50mm。防水层与保护层之间宜设置隔离层。

4.6.4 侧墙卷材防水层宜采用软质保护材料或铺抹20mm厚1:2.5水泥砂浆层。

5　质量标准

5.1　主控项目

5.1.1　聚乙烯丙纶卷材及聚合物水泥防水粘结材料必须符合设计要求。

5.1.2　卷材防水层在转角处、变形缝、施工缝、穿墙管等部位做法必须符合设计要求。

5.2　一般项目

5.2.1　卷材防水层的搭接缝应粘结牢固，密封严密，不得有扭曲、折皱、翘边和起泡等缺陷。

5.2.2　卷材与基层粘贴应采用满粘法；单层卷材的粘结材料厚度不应小于1.3mm，卷材的粘结面积不应小于90%。

5.2.3　采用外防外贴法铺贴卷材防水层时，防水卷材立面卷材接槎的搭接宽度应为100mm，且上层卷材应盖过下层卷材。

5.2.4　侧墙卷材防水层的保护层与防水层应结合紧密，保护层厚度应符合设计要求。

5.2.5　卷材搭接宽度的允许偏差为－10mm，用尺量检查。

6　成品保护

6.0.1　卷材施工时，不得在防水层上堆置材料，操作人员不得穿带钉的鞋作业。损坏的卷材应及时修补。

6.0.2　防水层施工完成后，应及时做好保护层或砌筑保护墙。

6.0.3　卷材防水层施工后24h内，不得在其上行走或进行后续作业。

7　注意事项

7.1　应注意的质量问题

7.1.1　聚乙烯丙纶卷材应采用聚乙烯成品原生料和一次复合成型工艺生产，卷材厚度不应小于0.5mm，聚合物水泥防水粘结材料应与聚乙烯丙纶卷材配套提供，不得使用水泥原浆或水泥与聚乙烯醇混合物混合的材料。

7.1.2　现场配制聚合物水泥防水粘结材料，其物理性能应符合本标准第3.2.2条的规定。配比应准确，搅拌应均匀，拌制好的材料应在规定时间内

37

用完。

7.1.3 卷材铺贴时，应根据气温情况适当调整基层干湿度，铺压应严实，将空气排除干净，使卷材粘贴牢固。

7.1.4 阴阳角、穿墙管道等细部的卷材附加层，裁剪时应与构造形状相符合，并粘贴压实严密。

7.2 应注意的安全问题

7.2.1 防水层所用的卷材、胶粘剂、二甲苯等均属易燃品，存放和操作应远离火源并备有防火器材。

7.2.2 地下室通风不良时，铺贴卷材应采取通风措施，防止有机溶剂挥发，使操作人员中毒。

7.2.3 每次用完的施工工具，应及时用二甲苯等有机溶剂清洗干净，同时要防止有机溶剂中毒。

7.3 应注意的绿色施工问题

7.3.1 基层表面砂浆硬块及突出物清理产生的噪声、扬尘应有效控制；报废的扫帚、砂纸、钢丝刷、防水和密封材料包装物等应及时清理。

7.3.2 胶粘剂、基层处理剂应用密封筒包装，防止挥发、遗洒；防水材料应储存在阴凉通风的室内，避免雨淋、日晒或受潮变质，并远离火源、热源。

7.3.3 防水材料的边角料应回收处理，避免污染环境。

7.3.4 高温天气施工，要有防暑降温措施。

8 质量记录

8.0.1 卷材及主要配套材料出厂合格证、质量检验报告和现场抽样试验报告。

8.0.2 隐蔽工程检查验收记录。

8.0.3 细部构造检验批质量验收记录。

8.0.4 卷材防水层检验批质量验收记录。

8.0.5 卷材防水层分项工程质量验收记录。

8.0.6 其他技术文件。

第6章 施工缝防水处理

本工艺标准适用于地下混凝土结构外墙的施工缝防水处理。

1 引用文件

《地下工程防水技术规范》GB 50108—2008

《地下防水工程质量验收规范》GB 50208—2011

《混凝土结构工程施工规范》GB 50666—2011

《高分子防水材料 第2部分：止水带》GB 18173.2—2000

《膨润土橡胶遇水膨胀止水条》JG/T 141—2001

《遇水膨胀止水胶》JG/T 312—2011

《混凝土接缝防水用预埋注浆管》GB/T 31538—2015

《混凝土界面处理剂》JC/T 907—2002

2 术语

2.0.1 施工缝：按设计要求或施工需要分段浇筑，在地下混凝土结构外墙中，先浇筑混凝土达到一定强度后连续浇筑混凝土形成具有防水抗渗要求的接缝。

2.0.2 橡胶止水带：是以天然橡胶与各种合成橡胶为主要原料，掺加各种助剂及填充料，经塑炼、混炼、压制成型。适用于全部或部分浇捣于混凝土中的橡胶密封止水带和具有钢边的橡胶密封止水带。

2.0.3 遇水膨胀止水条：是将膨润土与橡胶混炼而制成的有一定形状的制品，主要应用于各种建筑物、构筑物的缝隙止水防渗。

2.0.4 遇水膨胀止水胶：是以聚氨酯预聚体为基础，含有特殊接枝的脲烷膏状体。固化成形后具有遇水体现膨胀密封止水作用。

2.0.5 混凝土界面处理剂，用于水泥混凝土界面，改善新表混凝土之间粘结性能的界面处理剂。

2.0.6 注浆管系统：是由注浆管、连接管及导浆管固定夹、塞子、接线盒等组成。混凝土结构施工时，将具有单透性，不易变形的注浆管预埋在接缝处，当接缝渗漏时，向注浆管系统的导浆管端口中注入灌浆液，即可密封接缝区域的任何缝隙和孔洞，并终止渗漏。

3 施工准备

3.1 作业条件

3.1.1 施工缝防水处理应编写施工方案，并向操作人员进行技术交底。

3.1.2 防水混凝土应连续浇筑，宜少留施工缝，一般只设水平施工缝。

3.1.3 施工缝的留设位置应在防水混凝土浇筑之前确定。

3.1.4 混凝土浇筑过程中，因特殊原因需临时设置施工缝时，施工缝留设应规整，并宜垂直于构件表面，必要时可采取增加插筋，事后修凿等技术措施。

3.1.5 地下工程迎水面主体结构施工缝应遵守本标准的有关规定。地下工程中无防水抗渗的结构构件，其施工缝的留设应符合现行国家标准《混凝土结构工程施工规范》的有关规定。

3.1.6 在施工缝处连续浇筑混凝土时，已浇筑混凝土抗压强度不应小于1.2MPa。

3.2 材料及机具

3.2.1 橡胶止水带和钢边橡胶止水带物理性能见表6-1。

橡胶止水带和钢边橡胶止水带物理性能 表6-1

序号	项目			指标		
				B	S	J
1	硬度（邵尔A）（度）		≥	60±5	60±5	60±5
2	拉伸强度（MPa）		≥	15	12	10
3	拉断伸长率（%）		≥	380	380	300
4	压缩永久性变形	70℃×24h（%）	≤	35	35	35
		23℃×168h%	≤	20	20	20
5	撕裂强度（kN/m）		≥	30	25	25
6	脆性温度（℃）		≤	−45	−40	−40

续表

序号	项目				指标		
					B	S	J
7	热空气老化	70℃×168h	硬度变化（邵尔A）（度）	≤	+8	+8	—
			拉伸强度（MPa）	≥	12	10	
			扯断伸长率（%）	≥	300	300	
		100℃×168h	硬度变化（邵尔A）（度）	≤	—	—	+8
			拉伸强度（MPa）	≥			9
			扯断伸长率（%）	≥			250
8	臭氧老化 50×10³：20%，48h				2级	2级	0级
9	橡胶与金属粘合				断裂在弹性体内		

3.2.2 钢板止水带：低碳钢，厚度宜为 2～3mm，宽度宜为 250～350mm。

3.2.3 遇水膨胀止水条物理性能见表 6-2

遇水膨胀止水条物理性能　　　　　　　　　　表 6-2

序号	项目		指标			
			PZ-150	PZ-250	PZ-400	PZ-600
1	硬度（邵尔A）（度）		42±7		45±7	48±7
2	拉伸强度（MP）	≥	3.5		3	
3	扯断伸长率（%）	≥	450		350	
4	体积膨胀倍率（%）	≥	150	250	400	600
5	反复浸水试验	拉伸强度（MPa）　≥	3		2	
		扯断伸长率（%）　≥	350		250	
		体积膨胀率（%）　≥	150	250	300	500
6	低温弯折（−20℃×2h）		无裂纹			

3.2.4 遇水膨胀止水胶物理性能见表 6-3。

遇水膨胀止水胶物理性能　　　　　　　　　　表 6-3

序号	项目	指标	
		PJ-220	PJ-400
1	固含量（%）	≥85	
2	密度（g/cm³）	规定值±0.1	
3	下垂度（mm）	≤2	
4	表干时间（h）	≤24	

续表

序号	项目		指标	
			PJ-220	PJ-400
5	7d拉伸粘结强度（MPa）		≥0.4	≥0.2
6	低温柔度		−20℃，无裂纹	
7	拉伸性能	拉伸强度（MPa）	≥0.5	
		断裂伸长率（%）	≥400	
8	体积膨胀倍率（%）		≥220	≥400
9	长期浸水体积膨胀率保持率（%）		≥90	
10	抗水压（MPa）		1.5，不渗水	2.5，不渗水
11	实干厚度（mm）		≥2	
12	浸泡介质后体积膨胀倍率保持率（%）	饱和Ca(OH)溶液	≥90	
		5%NaCl溶液	≥90	
13	有害物质含量	VOC（g/L）	≤200	
		游离甲苯二异氰酸酯TDI（g/kg）	≤5	

3.2.5 预埋注浆管物理性能见表6-4、表6-5。

不锈钢弹簧骨架注浆管物理性能　　　　　　　　　　　　　　　　表6-4

序号	项目	指标
1	注浆管外径偏差（mm）	±1.0
2	注浆管内径偏差（mm）	±1.0
3	不锈钢弹簧钢丝直径（mm）	≥1.0
4	滤布等效孔径 O_{35}（mm）	<0.074
5	滤布渗透系数 K_{20}（mm/s）	≥0.05
6	抗压强度（N/mm）	≥70
7	不锈钢弹簧钢丝间距（圈/10cm）	≥12

硬质塑料或硬质橡胶骨架注浆管的物理性能　　　　　　　　　　　表6-5

序号	项目	指标
1	注浆管外径偏差（mm）	±1.0
2	注浆管内径偏差（mm）	±1.0
3	出浆孔间距（mm）	≤20
4	出浆孔直径（mm）	3~5
5	抗压变形量（mm）	≤2
6	覆盖材料扯断永久变形（%）	≤10
7	骨架低温弯曲性能	−10℃，无脆裂

3.2.6　遇水膨胀止水条和止水胶以及橡胶止水带和钢边橡胶止水条，应有出厂合格和质量检验报告。进出场后的材料应进行外观检验和物理性能检验的现场抽样复验，待复验合格后方可使用。

3.2.7　橡胶止水带应有不得影响其质量的适宜物品进行包装。止水带在运输与贮存时，应注意勿使包装损坏。放置于通风，干燥处，并应避免阳光直射，禁止与酸、碱、油类及有机溶剂等接触；且隔离热源，应保存于室内，并不得重压。

3.2.8　遇水膨胀止水条以防粘纸条作衬垫，卷或圆盘状，用包装箱包装。产品在运输与贮存时，要防潮防湿，堆放应整齐，避免挤压变形，堆码不超过 4 箱。贮存期为 1 年。

3.2.9　遇水膨胀止水胶应采用包装箱包装，并有防雨、防潮标志。产品按非危险品运输，运输时应防止日晒、雨淋，防止撞击，挤压，产品应贮存在干燥、通风、阴凉处，防止阳光直接照射，冬季时应采取适当的防冻措施。贮存期为 9 个月。

3.2.10　机具：剪刀、扳手、錾子、铁抹子、铲刀、小桶、钢尺、砂轮机、高压冲毛机、空气压缩机、毛刷、钢丝刷等。

4　操作工艺

4.1　施工缝防水措施的四种基本构造

4.1.1　施工缝防水构造（一）止水条或止水胶。

4.1.2　施工缝防水构造（二）中埋止水带。

4.1.3　施工缝防水构造（三）外贴止水带。

4.1.4　施工缝防水构造（四）预埋注浆管。

4.2　施工缝防水构造（一）

4.2.1　工艺流程

施工缝留设 → 基层清理 → 安装止水条或挤压止水胶 → 界面处理 → 后浇混凝土

4.2.2　施工缝留设

1　墙体水平施工缝不应留在剪力最大处或底板与侧墙的交接处，应留在高出底板表面不小于 300mm 的墙体上（板与墙结合的水平施工缝，宜留在板与墙交接处以下 150～300mm 处）；墙体有预留的孔洞时，施工缝距孔洞边缘不应小

43

于 300mm。

2　竖向施工缝应避开地下水和裂隙水较多地段，并宜与变形缝后浇带相结合。

3　墙体水平施工缝宜采用平缝形式。

4　施工缝应采取钢筋防锈或阻锈措施。

4.2.3　基层清理

1　已浇筑混凝土的抗压强度不应小于1.2MPa。

2　在接缝处应清除松动的石子，用钢丝刷将混凝土表面的浮浆刷净，边刷边用水冲洗干净，并保持湿润。

3　施工缝部位应将积水及时排除干净。

4.2.4　安装止水条

1　安装止水条时，应将止水条的防粘纸完全撕净。直接安装在混凝土表面的中间。必要时，止水条与混凝土边缘距离不得小于70mm。

2　止水条应连续顺直，不间断、不扭曲，每隔0.8～1.2m采用水泥钉固定，将止水条钉固定在已浇筑混凝土表面。

3　竖向施工缝宜在已浇筑混凝土表面预留凹槽，凹槽尺寸视止水条规格而定，将止水条嵌入槽内，用滚筒滚压止水条表面，使止水条与混凝土表面密粘牢固，并用水泥钉固定，水泥钉间距不应大于0.8m。

4　选用的止水条7d的膨胀率应不大于最终膨胀率的60%。当不符合时，应采取表面涂缓膨胀剂等措施。

5　止水条接头处严禁采取平头对接处理。

6　止水条接头处应采取坡形接头或搭接接头。坡形接头是将两根止水条端头30mm范围内用刀切成坡面或用平压扁1/2，上下重叠后用水泥钉固定；搭接接头是将两根止水条平行搭接30mm，搭接部位止水条不得有空隙，并用水泥钉固定。

4.2.5　挤注止水胶

1　止水胶应采用注胶器挤出粘结在施工缝表面。

2　止水胶挤注时应做到连续、均匀、饱满、无气泡和孔洞。

3　止水胶挤出宽度及厚度应符合设计要求。

4　止水胶挤出成形后，固化期内应采取成品保护措施。

5　止水胶固化前不得浇筑混凝土。

4.2.6　界面处理

1　水平施工缝浇筑混凝土前，施工缝应先涂刷水泥净浆或混凝土界面处理剂，再铺30～50mm厚的与混凝土浆液成分相同的水泥砂浆接浆层。粗骨料最大粒径为25mm时，接浆层厚度不应大于30mm，粗骨粒最大粒径为40mm时，接浆层厚度不应大于50mm。

2　竖向施工缝浇筑混凝土前，施工缝处应涂刷水泥净浆或混凝土界面处理剂。

3　涂刷水泥净浆或混凝土界面处理剂后，应待其表面达到触手不粘状态时及时浇筑混凝土。

4.2.7　后浇混凝土

1　混凝土施工前，施工缝处安设的止水条或挤注的止水胶应予以保护，防止落入杂物和由于降雨或施工用水等使止水条或止水胶过早膨胀。

2　浇筑混凝土时，不准碰坏止水条或止水胶。

4.3　**施工缝防水构造（二）**

4.3.1　工艺流程

$$\boxed{界面处理}\rightarrow\boxed{中埋止水带安装}\rightarrow\boxed{基层清理}\rightarrow\boxed{施工缝留设}\rightarrow\boxed{后浇筑混凝土}$$

4.3.2　施工缝留设同本标准4.2.2。

4.3.3　中埋止水带安装

1　中埋止水带应在先浇筑混凝土施工前埋设。

2　钢板止水带、橡胶止水带和钢边橡胶止水带应位于结构主断面的中央。止水带的埋入部分应为止水带宽度的一半。

3　中埋止水带与结构钢筋应用钢板焊接固定或用铁丝绑扎牢固。

4　钢板止水带接头宜采用电弧焊接，橡胶止水带和钢边橡胶止水带接头宜采用垫压焊接。

4.3.4　基层清理同本标准4.2.3。中埋止水带的外露部分，应及时清除止水带表面粘污的水泥浆或油脂等杂物。

4.3.5　界面处理同本标准4.2.6。

4.3.6　后浇混凝土

1　混凝土浇筑前，施工缝处安装的中埋止水带应予以保护。

2 中埋止水带的外露部分，应保证止水带位置准确和固定牢靠。

3 混凝土浇筑时不得碰坏中埋止水带。

4.4 施工缝防水构造（三）

4.4.1 工艺流程

界面处理 → 基层清理 → 外贴止水带安装 → 施工缝留设 → 后浇筑混凝土

4.4.2 施工缝留设同本标准4.2.2。

4.4.3 外贴止水带安装

（1）外贴止水带应在浇筑混凝土之前埋设。

（2）外贴止水带应位于施工缝上下各为止水带宽度的一半。

（3）橡胶止水带应与结构模板固定牢靠，并应保证钢筋保护层厚度。

（4）橡胶止水带宜采用热压焊接。接缝应平整、牢固。

（5）外贴止水带不宜单独使用，应与施工缝防水构造（一）或（二）复合使用。

4.4.4 基层清理同本标准4.2.3，外贴止水带的外露部分，应及时清除止水带表面的玷污的水泥或油脂等杂物。

4.4.5 界面处理用本标准4.2.6。

4.4.6 后浇混凝土同本标准4.3.6。

4.4.7 外涂防水涂料和外抹防水砂浆。

1 涂料宜采用聚氨酯防水涂料和聚合物水泥防水涂料；砂浆宜采用聚合物水泥防水砂浆。

2 防水涂料施工应符合本标准涂料防水的规定；防水砂浆施工应符合本标准水泥砂浆防水层的规定。

3 外涂防水涂料和外抹防水砂浆不宜单独使用，应与施工缝防水构造（一）或（二）复合使用。

4.5 施工缝防水构造（四）

4.5.1 工艺流程

基层处理 → 界面清理 → 设预埋注浆管系统 → 施工缝留设 → 注浆施工 →
后浇筑混凝土

4.5.2 施工缝留设同本标准4.2.2。

4.5.3 预埋注浆管系统

1 预埋注浆管系统应包括注浆管、连接管、导浆管、固定夹、塞子、接线盒等。注浆管分为一次性注浆管和可重复注浆管两种。

2 预埋注浆管应位于结构主断面的中央。导浆管与注浆管的连接必须牢固、严密。预埋注浆管的固定间距应为 200～300mm，导浆管设置间距应为 300～500mm。

3 在注浆之前应对导浆管末端进行临时封堵。

4.5.4 基层清理同本标准 4.2.3。

4.5.5 界面处理同本标准 4.2.6。

4.5.6 后浇带混凝土

1 混凝土施工前，施工缝处安装的预埋注浆管应予以保护。

2 预埋注浆管的位置应准确，固定应牢靠。

3 浇筑混凝土时，不得碰坏预埋注浆管。

4.5.7 注浆施工

1 混凝土结构出现宽度大于 0.2mm 的静止裂缝，贯穿性裂缝，应采用堵水注浆。

2 注浆宜采用普通硅酸盐水泥、超细水泥等浆液或聚氨酯丙烯酸盐等化学浆液。

3 注浆材料及其配合比必须符合设计要求。

4 注浆各阶段的控制压力和注浆管应符合设计要求。

5 施工缝处注浆应待结构基本稳定和混凝土强度达到设计要求后或装饰施工前进行。

5 质量标准

5.1 主控项目

5.1.1 施工缝用止水带，遇水膨胀止水条和止水胶和预埋注浆管必须符合设计要求。

5.1.2 施工缝防水构造必须符合设计要求。

5.2 一般项目

5.2.1 施工缝的留设应符合本标准第 4.1.2 条的规定。

5.2.2　在施工缝处连续浇筑混凝土时，已浇筑混凝土抗压强度不应小于1.2MPa。

5.2.3　水平施工缝和竖向施工缝的基层清理应符合4.2.3条的规定。

5.2.4　中埋止水带及外贴止水带预埋位置应准确，固定应牢靠。

5.2.5　遇水膨胀止水条施工应符合本标准4.2.4条的规定。

5.2.6　遇水膨胀止水胶施工应符合本标准4.2.5条的规定。

5.2.7　预埋注浆施工应符合本标准4.5.3条的规定。

5.2.8　施工缝注浆施工应符合本标准4.5.7条的规定。

6　成品保护

6.0.1　遇水膨胀止水条安装后，应及时进行混凝土浇筑。如浇筑间隔时间较长，对止水条应及时覆盖塑料膜，防止污染和阳光长时间照射，并避免雨淋或水泡。

6.0.2　浇筑混凝土时，应避免混凝土直接冲击止水条，导致止水条位移、脱落。

6.0.3　混凝土浇筑前，施工缝部位和止水条、止水带、预埋注浆管等应采取保护措施。

6.0.4　施工缝防水措施宜选用预埋注浆管系统在不破坏结构的前提下，确保接缝处不渗漏水，是一种先进、有效的接缝防水措施。

7　注意事项

7.1　应注意的质量问题

7.1.1　施工缝处混凝土不得用砂浆再次找平，基层清理时应剔除扰动的石子至坚实面，刷涂水泥砂浆，并用水冲洗干净。

7.1.2　施工缝基层应坚实、干净，并保持湿润，但不得有积水。施工缝基层应涂刷水泥净浆或混凝土界面剂，并铺设与混凝土成分相同的水泥砂浆接缝层，保证新旧混凝土结合牢固。

7.1.3　整个施工缝处的止水条要连续不间断，止水条接头应满足搭接长度要求。止水条应固定牢靠。

7.1.4　中埋止水带或外贴止水带的埋设位置应准确，固定应牢靠。

7.1.5　施工缝部位的模板拼缝应严密，不得有漏浆，施工缝处后浇混凝土应振捣密实，插入式振动器不得破坏止水条或止水带。

7.2 应注意的安全问题

7.2.1 橡胶止水带、遇水膨胀止水条等属易燃品，存放和操作应远离火源并备有防火器材。

7.2.2 上班前必须坚持操作架，发现问题应立即修理。脚手板上的工具材料应分散放置稳当，不得超载。

7.2.3 严格遵守施工现场各项安全生产制度和操作规程，做好上岗前的安全技术交底及安全教育工作，做好个人防护用品的购置与发放管理，严禁穿拖鞋和酒后上岗作业。

7.3 应注意的环境问题

7.3.1 施工中所用的材料应具有产品合格证，检验试验合格，符合环保要求。

7.3.2 施工中严格执行国家相关环保方面的法律法规制度，保护现场环境卫生，实现文明施工。

7.3.3 报废的止水带、密封材料包装物等应及时清理。

7.3.4 止水带、止水条材料应储存在阴凉通风的室内，避免雨淋、日晒或受潮变质，并远离火源、热源。

7.3.5 材料进场应码放整齐，保持现场文明。

7.3.6 止水带、止水条材料的边角料应回收处理，避免污染环境。

7.3.7 高温天气施工，要有防暑降温措施。

7.3.8 根据现场情况做好环境因素的评价，填写《环境因素清单》和《重要环境因素清单》。

8 质量记录

8.0.1 遇水膨胀止水条、橡胶止水带等所用材料出厂合格证、质量检验报告和现场抽样试验报告。

8.0.2 隐蔽工程检查验收记录。

8.0.3 细部构造检验批质量验收记录。

8.0.4 施工缝检验批质量验收记录。

8.0.5 施工缝分项工程质量验收记录。

8.0.6 其他技术文件。

第7章 变形缝防水处理

本标准适用于地下混凝土结构底板、侧墙和顶板的变形缝防水处理。

1 引用标准

《地下工程防水技术规范》GB 50108—2008

《地下防水工程质量验收规范》GB 50208—2011

《绝热用挤塑聚苯乙烯泡沫塑料（XPS)》GB/T 10801.2

《混凝土建筑接缝密封胶》JC/T 881—2017

《混凝土结构工程施工规范》GB 50666—2011

《高层建筑混凝土结构技术规程》JGJ 3—2010

《高分子防水材料第二部分止水带》GB 18173.2—2000

2 术语

2.0.1 变形缝：为适应环境温度变化、混凝土收缩或结构不均匀沉降等因素影响，防止产生变形而导致结构破坏，将地下混凝土结构底板、侧墙和顶板按适当的位置或一定间距予以分离，且具有防水抗渗要求的伸缩缝或沉降缝。

2.0.2 橡胶止水带：以天然橡胶与各种合成橡胶为主要原料，掺加各种助剂及填充料，经塑炼、混炼、压制成型。适用于全部或部分浇捣于混凝土中的橡胶密封止水带和具有钢边的橡胶密封止水带。

2.0.3 中埋式止水带：这是一种主要用于在混凝土变形缝、伸缩缝等混凝土内部设置的止水带产品，具有以橡胶材料弹性和结构形式来适应混凝土伸缩变形的能力。本产品是利用橡胶的高弹性和压缩变形性，在各种荷载下产生弹性变形，从而起到紧固密封有效地防止建筑构件的漏水，渗水，并起到减震缓冲作用，可确保工程建筑物的使用寿命。

2.0.4 外贴式止水带：又称背贴式止水带或外置式止水带，是一种在地下构筑物混凝土变形缝、沉降缝壁板外侧（迎水面）设置的一种止水构造，具有以止水带的材料弹性和结构形式来适应混凝土伸缩变形的能力。

2.0.5　可卸式止水带：可卸式橡胶止水带可作为后期补救的一种防水措施，若伸缩缝漏水，可后期补入一层可卸止水带，若出现可卸式止水带也被破坏，可将原来的卸掉，再重新安装一层。可卸式止水带是利用橡胶的高弹性和压缩变形性，在各种荷载下产生弹性变形，从而起到紧固密封有效地防止建筑构件的漏水，渗水，并起到减震缓冲作用，可确保工程建筑物的使用寿命。

2.0.6　挤压聚苯乙烯泡沫塑料（XPS）：它是以聚苯乙烯树脂为原料加上其他的原辅料与聚合物，通过加热混合同时注入催化剂，然后挤塑压出成型而制造的硬质泡沫塑料板。它的学名为绝热用挤塑聚苯乙烯泡沫塑料（简称 XPS），XPS 具有完美的闭孔蜂窝结构，这种结构让 XPS 板有极低的吸水性（几乎不吸水）、低热导系数、高抗压性、抗老化性（正常使用几乎无老化分解现象）。

2.0.7　混凝土建筑接缝用密封胶：是指应用于混凝土建筑接缝用弹性和塑性密封胶。

3　施工准备

3.1　作业条件

3.1.1　变形缝施工期间，必须保持地下水位稳定在基底 0.5m 以下，必要时应采取降水措施。

3.1.2　变形缝应满足密封防水、适应变形、施工方便、检修容易等要求。

3.1.3　用于伸缩的变形缝宜少设，可根据不同的工程结构类别及工程地质情况采用后浇带等替代措施；用于沉降的变形缝最大允许沉降差值不应大于 30mm。变形缝的宽度宜为 20～30mm。

3.1.4　对于全埋式地下防水工程的变形缝应为环状；附建式半地下室或全地下室的变形缝应为 U 字形，U 字形变形缝的设计高度应高出室外地坪标高 500mm 以上。

3.1.5　变形缝处混凝土结构厚度应不小于 300mm，宽度应不小于 700mm。

3.1.6　变形缝防水处理应有施工方案和技术交底。

3.2　材料及机具

3.2.1　中埋式止水带和外贴式止水带、橡胶止水带的外观质量、尺寸偏差及物理性能，应符合现行国家标准《高分子防水材料　第2部分：止水带》GB 18173.2 的有关规定。橡胶止水带的材质是以氯丁橡胶、三元乙丙橡胶为主。

3.2.2　中埋式金属止水带：对环境温度高于 50℃ 处的变形缝，宜采用 20mm 厚的不锈钢片或紫铜片 Ω 形止水带，接缝应采用焊接方式，焊接应严密平整。

3.2.3　可卸式止水带：止水带是由预埋钢板、紧固件压板、预埋螺栓、螺母、垫圈、紧固件压块、Ω 形止水带、紧固件圆钢等组装而成。

3.2.4　填缝材料：选用挤压聚苯乙烯泡沫塑料（XPS），压缩的强度宜为 150～250kPa，吸水率（V/V）不应大于 1.5%。

3.2.5　密封材料：选用混凝土接缝用密封胶，密封胶按位移能力分为 25 和 20 两个级别，按拉伸模量分为低模量（LM）和高模量（HM）两个次级别。背水面宜采用高模量的密封材料。

3.2.6　机具：手推车、溜槽、铁锹、活动扳手、电焊机、剪刀、锤头、压力钳、橡胶热压焊设备、錾子、木抹子、铁抹子、尺杆、刷子、灰斗、小桶等。

4　操作工艺

4.1　变形缝防水措施的四种基本构造。

4.1.1　变形缝防水构造（一）：中埋式止水带。

4.1.2　变形缝防水构造（二）：外贴式止水带与中埋式止水带复合使用。

4.1.3　变形缝防水构造（三）：可卸式止水带与中埋式止水带复合使用。

4.1.4　变形缝防水构造（四）：密封材料与中埋式止水带复合使用。

4.2　变形缝防水构造（一）

4.2.1　工艺流程

变形缝留设 → 绑扎结构钢筋 → 支设结构模板 → 中埋止水带翼边固定 →

放置墙缝材料 → 固定墙模 → 浇筑一侧混凝土 → 拆除墙模 →

中埋式止水带另一翼边固定 → 浇筑另一侧混凝土

4.2.2　变形缝留设

1　底板混凝土垫层施工完成后，根据设计图纸的要求，用墨线将变形缝的位置弹在混凝土垫层上。

2 底板防水层施工前，应先将底板垫层在变形缝断开，并抹带有圆弧的找平层。

3 底板防水层应速成整体，变形缝处应设置隔离层和卷材加强层，加强层的宽度不应小于1000mm，并应在防水层上放置 $\phi 40 \sim \phi 60$ 的聚乙烯泡沫棒。

4 变形缝两侧应采用木模板或钢模板支撑牢固。

4.2.3 绑扎结构钢筋及支设结构模板，用混凝土结构施工。

4.2.4 埋设中埋式止水带

1 在支模结构的模板时，应将止水带的中部夹于端模上，同时将XPS板钉在端模上，端模应与侧模固定，并支撑牢固。

2 止水带的翼端应与结构钢筋使用钢筋套或扁钢焊接固定。

3 底板及顶板内止水带应成盆式安设。

4 止水带的接缝应设在边墙较高位置上，不得设在结构转角处。接头宜采用垫压焊接，接缝应平整、牢固，不得有裂口和脱胶现象。

5 止水带在转弯处应做成圆弧形，钢边橡胶止水带的转角半径不应小于200mm，转角半径应随止水带的密度增大而相应加大。

4.2.5 浇筑混凝土

1 接触变形缝处的混凝土，不应出现粗骨料集中或漏浆现象。

2 底板及顶板内止水带底面下的接缝应插捣严密，赶出气泡。

3 浇捣混凝土时不得碰坏止水带。

4.3 变形缝防水构造（二）

4.3.1 变形缝留设、中埋式止水带及浇筑混凝土，应符合本标准第4.2节的有关规定。

4.3.2 变形缝用外贴式止水带的转向部位宜采用直角配件，变形缝与施工缝均用外贴式止水带时，其相交部位应采用十字配件。

4.3.3 底板及顶板用外贴式止水带时，止水带应位置准确，固定牢靠，并应保证结构钢筋保护层厚度；侧墙用外贴式止水带时，止水带应固定在侧墙的外模板上。

4.3.4 外贴式止水带应与固定止水带的基层密贴，不得出现起鼓、翘边等现象。

4.4 变形缝防水构造（三）

4.4.1 变形缝留设、中埋式止水带及浇筑混凝土，应符合本标准第 4.2 节的有关规定。

4.4.2 可卸式止水带应位于地下混凝土结构背水面的变形缝处，浇筑混凝土墙时，应预留沟槽，凹槽的宽度不应小于 90mm，凹槽的深度不应小于 70mm。

4.4.3 混凝土结构预留凹槽的变形缝两侧，应预埋角钢（45mm×45mm×3mm），预埋件的平整度和平直度符合设计要求。预埋件应做防锈处理。

4.4.4 可卸式止水带应采用丁基密封胶带（"几"字形）安设，并用紧固件压板和预埋件螺栓固定。

4.4.5 可卸式止水带所需配件应一次配齐，转角处应做成 45°坡角，并应增加紧固件的数量。

4.5 变形缝防水构造（四）

4.5.1 变形缝留设、中埋式止水带及浇筑混凝土，应符合本标准第 4.2 节的有关规定。

4.5.2 密封材料应选用 20 级及以上的混凝土接缝用密封胶，背水面应采用高模量的密封胶。

4.5.3 嵌填密封材料的缝内两侧基层应平整、洁净、干燥，并应涂刷基层处理剂；嵌缝底部应设置背衬材料；密封材料嵌缝应严密、饱和，粘胶牢固。

5 质量标准

5.1 主控项目

5.1.1 变形缝用止水带、填缝材料、密封材料，必须符合设计要求。

5.1.2 变形缝防水构造必须符合设计要求。

5.1.3 中埋式止水带埋设位置应准确，其中间空心圆环与变形缝的中心线应重合。

5.2 一般项目

5.2.1 中埋式止水带的接缝应设在边墙较高位置上，不得设置在结构较高处；接头应采用热压焊接，接缝应平整、牢固，不得有裂口和脱胶现象。

5.2.2 中埋式止水带在较高处应做成圆弧形；顶板、底板内止水带应安装成盆状，并应采用专用钢筋套或钢板固定。

5.2.3　外贴式止水带在变形缝与施工缝相交部位应采用十字配件；外贴式止水带在变形缝转角部位应采用直角配件。止水带埋设位置应准确，固定应牢靠，并应与固定止水带的基层密贴，不得出现气鼓、翘边等现象。

5.2.4　安设于结构内侧的可卸式止水带所需配件应一次配齐，转角处应做或 45°坡角，并应增加紧固件的数量。

5.2.5　嵌填密封材料的缝内两侧基层应平整、洁净、干燥，并应涂刷基层处理剂；嵌缝底部应设置背衬材料；密封材料嵌缝应严密、联系、饱和，粘胶牢固。

5.2.6　变形缝处表面粘贴卷材或涂刷涂料前，应在缝上设置隔离层和加强层。

6　成品保护

6.0.1　橡胶止水带在施工过程中应经严格检查，如止水带有破损，必须经修补后方可使用。金属止水带的焊缝应满焊严密。

6.0.2　中埋式止水带安装时，止水带与结构钢筋应采专用钢筋套或钢板焊接固定，确保止水带的位置准确和固定牢靠。

6.0.3　变形缝一侧混凝土浇筑完后，因特殊原因需临时中断变形缝另一侧混凝土浇筑时，应对外露的止水带、预埋件以及填缝材料、模板予以保护，复工前应加强变形缝部位的质量检查。

6.0.4　变形缝中不得夹有砂浆、块材碎屑和杂物等。

6.0.5　密封材料固化前，不得在其上进行后续施工，密封材料表面宜采用卷材保护。

7　注意事项

7.1　应注意的质量问题

7.1.1　为了保证止水带与混凝土牢固浇筑，除混凝土的水灰比和水的用量严格控制外，接止水带处的混凝土不应出现粗骨料集中现象，当钢筋较密集时，可用同等级细混凝土浇筑，并用振动棒振捣密实。

7.1.2　混凝土结构底板及顶板止水带的下侧混凝土应振捣密实，侧墙上止水带内外侧混凝土应同步浇筑，止水带应位置准确，无卷曲。

7.1.3 在支设模板，固定止水带以及浇筑混凝土时，不得碰坏止水带。

7.1.4 地下结构混凝土浇筑后，应及时进行保湿、养护，养护时间不应少于28d。

7.1.5 橡胶止水带应采用氯丁橡胶或三元二丙橡胶制成，进场后应对止水带进行抽样交验，检验外观质量、尺寸偏差及物理性能。钢边橡胶止水带具有加强止水带与混凝土的锚固作用，多在重要的地下工程中使用。

7.1.6 可卸式止水带施工时，变形浇筑两侧预埋角钢应在同一水平面上，不得高低不平，底板和侧墙的转角处其水平和垂直方向的预埋螺栓位置应紧靠转角；止水带应按实际螺栓间隔打孔，打成左角，防止拐角处造成空隙和压紧空档。压紧螺母应当拧紧，以防变形后松动。

7.1.7 密封材料嵌填时，背水面处的嵌填深度应为变形缝宽度的1.2倍，密封材料嵌填应严密，连续饱满，粘结牢固。

7.2 应注意的安全问题

7.2.1 橡胶止水带属易燃品，存放和操作应远离火源并备有防火器材。

7.2.2 上班前必须坚持操作架，发现问题应立即修理。脚手板上的工具材料应分散放置稳当，不得超载。

7.2.3 严格遵守施工现场各项安全生产制度和操作规程，做好上岗前的安全技术交底及安全教育工作，做好个人防护用品的购置与发放管理，严禁穿拖鞋和酒后上岗作业。

7.3 应注意的环境问题

7.3.1 施工中所用的材料应具有产品合格证，检验试验合格，符合环保要求。

7.3.2 施工中严格执行国家相关环保方面的法律法规制度，保护现场环境卫生，实现文明施工。

7.3.3 报废的止水带、密封材料包装物等应及时清理。

7.3.4 材料进场应码放整齐，保持现场文明。

7.3.5 止水带的边角料应回收处理，避免污染环境。

7.3.6 高温天气施工，要有防暑降温措施。

7.3.7 根据现场情况做好环境因素的评价，填写《环境因素清单》和《重要环境因素清单》。

8　质量记录

8.0.1　止水带、密封材料等出厂合格证、质量检验报告和现场抽样试验报告。

8.0.2　隐蔽工程检查验收记录。

8.0.3　细部构造检验批质量验收记录。

8.0.4　变形缝工程检验批质量验收记录。

8.0.5　变形缝工程分项工程质量验收记录。

8.0.6　其他技术文件。

第8章 后浇带防水处理

本工艺标准适用于地下混凝土结构底板、侧墙和顶板的后浇带处理。

1 引用标准

《地下工程防水技术规范》GB 50108—2008

《地下防水工程质量验收规范》GB 50208—2011

《混凝土结构工程施工规范》GB 50666—2011

《高分子防水材料 第2部分：止水带》GB 18173.2—2014

《膨润土橡胶遇水膨胀止水条》JG/T 141—2001

《遇水膨胀止水胶》JG/T 312—2011

《混凝土界面处理剂》JC/T 907—2002

《普通混凝土配合比设计规范》JGJ 55—2011

《混凝土外加剂应用技术规范》GB 50119—2013

《高层建筑混凝土结构技术规程》JGJ 3—2012

2 术语

2.0.1 后浇带：为适应环境温度变化、混凝土收缩、结构不均匀沉降等因素影响，在地下混凝土结构的底板、侧墙和顶板中，预留一定宽度且经过一定时间再浇筑混凝土，形成具有防水抗渗要求的混凝土带。

2.0.2 补偿收缩混凝土：在混凝土中加入一定量的膨胀剂，使混凝土产生微膨胀，在有配筋的情况下，能够补偿混凝土的收缩，提高混凝土的抗裂性和抗渗性。

2.0.3 限制膨胀率：采用掺膨胀剂的混凝土，经试验确定膨胀剂的最佳掺量，达到控制结构裂缝的效果。

3　施工准备

3.1　作业条件

3.1.1　后浇带施工期间，必须保持地下水位稳定在基底 500mm 以下，必要时采取降水措施。

3.1.2　后浇带的留设位置应在混凝土浇筑前确定。后浇带应设在受力和变形较小的部位，后浇带间距宜为 30～60m，后浇带宽度宜为 700～1000mm。

3.1.3　对于全埋式地下防水工程的后浇带应为环状；附建式半地下室或全地下室的后浇带应为 U 字形，U 字形后浇带的设计高度应高出室外地坪标高 500mm 以上。

3.1.4　后浇带的两侧宜采用直平缝形式。结构主筋不宜在缝中断开，如必须断开，则主筋搭接长度应大于 45 倍主筋直径。

3.1.5　后浇带应在其两侧先浇筑混凝土的龄期达到 42d 后再施工，高层建筑的后浇带施工，应在地基变形基本稳定情况下进行。

3.1.6　后浇带需超前止水时，后浇带部位混凝土应局部加厚，并增设外贴止水带或中埋止水带。后浇带防水构造和超前止水构造如图 8-1～图 8-4 所示。

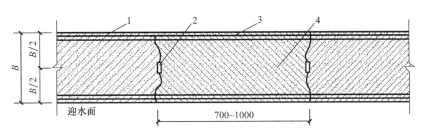

图 8-1　后浇带防水构造（一）

1—先浇混凝土；2—遇水膨胀止水条（胶）；3—结构主筋；4—后浇补偿收缩混凝土

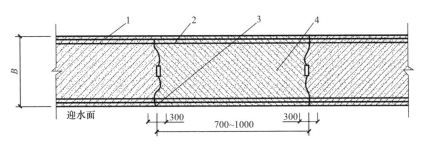

图 8-2　后浇带防水构造（二）

1—先浇混凝土；2—结构主筋；3—外贴式止水带；4—后浇补偿收缩混凝土

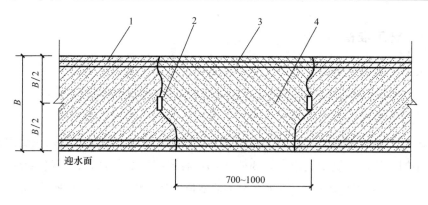

图 8-3 后浇带防水构造（三）

1—先浇混凝土；2—遇水膨胀止水条（胶）；3—结构主筋；4—后浇补偿收缩混凝土

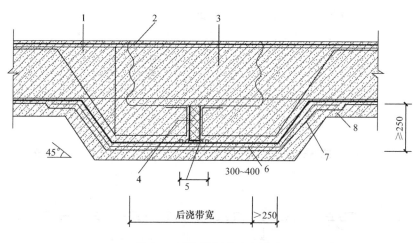

图 8-4 后浇带超前止水构造

1—混凝土结构；2—钢丝网片；3—后浇带；4—填缝材料；5—外贴式止水带；

6—细石混凝土保护层；7—卷材防水层；8—垫层混凝土

3.1.7 补偿收缩混凝土的施工环境湿度宜为 5～35℃。

3.1.8 后浇带防水处理应有施工方案和技术交底。

3.2 材料及机具

3.2.1 遇水膨胀止水条：采用腻子型遇水膨胀止水，其性能应符合现行行业标准《膨润土标准遇水膨胀止水带》JG/T 141 的有关规定。

3.2.2 中埋止水带和外贴止水带：橡胶止水带的外观质量、尺寸偏差及物理性能应符合现行行业国家标准《高分子防水材料 第 2 部分：止水带》GB

1813.2 的有关规定。

3.2.3 补偿收缩混凝：在防水混凝土中掺一定比例的膨胀剂，使混凝土的自由膨胀率达到 0.05%～0.1%，膨胀剂的掺量应经试验确定。

3.2.4 钢板网：用于后浇带两侧的混凝土的隔断措施。

3.2.5 机具：空压机（6m³/min）混凝土搅拌机、插入式振动棒、平板振动器、坍落度筒、钢涂刷、扣条、盒尺、锤子、錾子、铁锹、抹子、模板等。

4 操作工艺

4.1 后浇带防水措施的三种基本构造

4.1.1 后浇带防水构造（一）：止水条。

4.1.2 后浇带防水构造（二）：中埋止水带。

4.1.3 后浇带防水构造（三）：外贴止水带。

4.2 底板后浇带防水处理

4.2.1 工艺流程

1 后浇带防水构造（一）

后浇带留设 → 基层清理 → 安装止水条 → 界面处理 → 后浇带混凝土施工 → 混凝土养护

2 后浇带防水构造（二）

后浇带留设 → 中埋止水带安装 → 基层清理 → 界面处理 → 后浇带混凝土施工 → 混凝土养护

3 后浇带防水构造（三）

后浇带留设 → 外贴止水带安装 → 基层清理 → 界面处理 → 后浇带混凝土施工 → 混凝土养护

4.2.2 后浇带留设

1 底板防水保护层施工完成后，根据设计图纸要求，用墨线将后浇带的位置弹在保护层上。

2 后浇带两侧可用木模板支撑或用钢板网分隔。

3 浇筑底板垫层混凝土应按照底板混凝土施工方案进行。

4.2.3　后浇带采用安装遇水膨胀止水条

1　后浇带两侧可用木模板支撑，在底板板厚的 1/2 处的模板上钉木条。留置止水条定位凹槽。

2　凹槽深度以止水条厚度的 1/2 为宜，凹槽宽度以止水条宽度的（1.2～1.5）倍为宜，凹槽留置应顺直。

3　选用的止水带应具有缓膨胀性能，当不符合要求时，应采取表面涂缓膨胀剂等措施。

4　止水条接头处应采取坡形或搭接形式，搭接宽度不应小于 30mm。

5　止水条应牢固地安装在预留凹槽内并用水泥钉固定，止水条与后浇带两侧基面应密贴，中间不得有空鼓、脱离等记录。

4.2.4　后浇带采用中埋钢板止水带和外贴橡胶止水带

1　中埋或外贴止水带应在先浇混凝土施工前埋设。

2　将止水带按后浇带伸展方向安装，每条止水带伸入先浇混凝土 1/2 宽，止水带的中心线应与所弹黑线重合。中埋止水带应位于结构主断处的中央。

3　后浇带用外贴止水带的转角部位，宜采用直角配件，后浇带与施工缝均用外贴止水带时其相交部位宜采用十字配件。

4　橡胶止水带的接缝，应设在边墙较高位置上，不得设在转角处，接头宜采用热压焊接。钢板止水带应用电弧焊接。

5　中埋或外贴止水带应与结构楼板固定牢靠。底板及顶板的中埋止水带应成盆状安设，外贴止水带应保证钢筋保护层厚度。

4.2.5　基层清理

1　用钢丝刷将钢筋表面的铁锈和浮浆清理干净，同时检查钢筋有无弯曲变形并进行调整。

2　接缝处应清除松动的石子，用钢丝刷将混凝土表面浮浆刷除，边刷边用水清洗干净，并保持湿润。

3　接缝处理完后，将中埋式、外贴止水带露出部分清理干净，如有损坏，应先用配套材料进行修补。

4　后浇带部位应将积水及时排除干净。

4.2.6　界面处理

后浇带混凝土施工前，接缝处应涂刷水泥净浆或混凝土界面处理剂，待触手不粘时应及时浇筑混凝土。

4.2.7　后浇混凝土施工

1　混凝土施工前，后浇带部位和中埋或外贴止水带应予以保护，防止落入杂物和损伤止水带。

2　后浇混凝土应采用补偿收缩混凝土浇筑，其抗渗和抗压等级不应低于两侧先浇混凝土。

3　补偿收缩混凝土应按配合比准确计量，膨胀剂应与水泥同时加入，混凝土搅拌时间不应高于 3min。

4　后浇混凝土应一次浇筑，不得留设施工缝；浇筑混凝土时，不准碰坏止水条或止水带。

4.2.8　混凝土养护

1　后浇带混凝土浇筑完后，应及时覆盖，并在终凝后进行浇水养护。

2　后浇混凝土的养护时间不得少于 28d。

4.3　侧墙后浇带防水处理

4.3.1　侧墙后浇带防水处理，参照本标准中 4.2 的规定。

4.3.2　先做侧墙防水层的模板安装

1　利用水泥纤维板或钢板做后浇带的外侧永久模板，后浇带部位的外墙防水与周围墙体防水一起施工。

2　水泥纤维板应与外墙连接牢固，阴阳角处应按防水基层的要求用水泥砂浆抹成钝角。

3　钢模板应与墙体构造钢筋焊接，便于固定。

4　模板外表面应处理到满足防水基层的要求。

4.3.3　后做侧墙防水层的模板安装

1　利用钢模板或竹胶板，按照后浇带宽度进行配模。

2　支模前，宜在接缝两边 3~5mm 处贴海绵条，防止漏浆。

3　穿墙拉杆应采用止水穿墙螺栓，模板拆除后进行防水基层处理。

4.3.4　防水层施工应在侧墙后浇带混凝土达到防水基层要求后进行。

4.4　顶板后浇带防水处理

4.4.1　顶板后浇带防水处理，参照本标准中 4.2 的规定。

4.4.2　防水层施工应在顶板后浇带混凝土施工完后进行。

5 质量标准

5.1 主控项目

5.1.1 后浇带用遇水膨胀止水条、钢板止水带、橡胶止水带必须符合设计要求。

5.1.2 补偿收缩混凝土的原材料及配合比，必须符合设计要求。

5.1.3 后浇带的防水构造，必须符合设计要求。

5.1.4 采用掺膨胀剂的补偿收缩混凝土，其抗压强度、抗渗性能和限制膨胀率，必须符合设计要求。

5.2 一般项目

5.2.1 后浇混凝土浇筑前，后浇带部位和中埋或外贴止水带应采取保护措施。

5.2.2 后浇带两侧的接缝表面应先清理干净，再涂刷水泥净浆或混凝土界面处理剂并应及时浇筑混凝土，后浇混凝土的浇筑时间，应符合设计要求。

5.2.3 遇水膨胀止水条的施工应符合本标准第 4.2.3 条的规定。

5.2.4 中埋钢板止水带的施工应符合本标准第 4.2.4 条的规定。

5.2.5 外贴橡胶止水带的施工应符合本标准第 4.2.4 条的规定。

6 成品保护

6.0.1 结构底板后浇带留设后，应用板遮盖保护，防止钢筋变形和杂物落入。

6.0.2 后浇带部位的钢筋，应及时采取防锈或阻锈措施。

6.0.3 剔凿后浇带两侧混凝土界面时，不得损坏或弯折外伸的钢筋。

6.0.4 遇水膨胀止水条安装后，应及时浇筑混凝土，避免污染、日晒雨冲或水泡。

6.0.5 后浇带部位浇筑混凝土时，不能碰坏止水条或止水带。

6.0.6 后浇混凝土浇筑后，应及时进行养护，养护时间不得少于 28d。

7 注意事项

7.1 应注意的质量问题

7.1.1 后浇带采用遇水膨胀止水条时，底板、侧墙和顶板均应预留止水条的定位凹槽，防止止水条安装位置偏移。

7.1.2 遇水膨胀止水条安装前，应掌握产品性能及使用要求，严格按说明书要求施工。

7.1.3 后浇混凝土浇筑时，现场应派专人检查模板是否牢固，钢筋是否错位。

7.1.4 后浇混凝土应振捣密实，插入式振动器不得碰坏止水条或止水带。

7.1.5 后浇带部位混凝土出现蜂窝，孔洞，露筋、夹渣等缺陷时，应分析产生原因，及时采取有效措施处理。

7.1.6 后浇带应连续浇筑，不得留设施工缝。必须留设施工缝时，应按照施工缝防水处理的有关规定。

7.2 应注意的安全问题

7.2.1 橡胶止水带、遇水膨胀止水条等属易燃品，存放和操作应远离火源并备有防火器材。

7.2.2 上班前必须坚持操作架，发现问题应立即修理。脚手板上的工具材料应分散放置稳当，不得超载。

7.2.3 严格遵守施工现场各项安全生产制度和操作规程，做好上岗前的安全技术交底及安全教育工作，做好个人防护用品的购置与发放管理，严禁穿拖鞋和酒后上岗作业。

7.3 应注意的环境问题

7.3.1 施工中所用的材料应具有产品合格证，检验试验合格，符合环保要求。

7.3.2 施工中严格执行国家相关环保方面的法律法规制度，保护现场环境卫生，实现文明施工。

7.3.3 报废的止水带、密封材料包装物等应及时清理。

7.3.4 止水带、止水条材料应储存在阴凉通风的室内，避免雨淋、日晒或受潮变质，并远离火源、热源。

7.3.5 材料进场应码放整齐，保持现场文明。

7.3.6 止水带、止水条材料的边角料应回收处理，避免污染环境。

7.3.7 高温天气施工，要有防暑降温措施。

7.3.8 根据现场情况做好环境因素的评价，填写《环境因素清单》和《重要环境因素清单》。

8　质量记录

8.0.1　止水条、止水带、密封材料、补偿收缩混凝土等出厂合格证、质量检验报告和现场抽样试验报告。

8.0.2　隐蔽工程检查验收记录。

8.0.3　细部构造检验批质量验收记录。

8.0.4　后浇带工程检验批质量验收记录。

8.0.5　后浇带工程分项工程质量验收记录。

8.0.6　其他技术文件。

第9章 钠基膨润土防水材料防水层

本工艺标准适用于 pH 为 4～10 的地下环境中，地下工程主体结构的迎水面，防水层两侧应具有一定的夹持力。

1 引用标准

《地下工程防水技术规范》GB 50108

《地下防水工程质量验收规范》GB 50208

《钠基膨润土防水毯》JG/T 193

2 术语

2.0.1 针刺法钠基膨润土防水毯：是由两层土工布包裹钠基膨润土颗粒针刺而成的毯状材料。

2.0.2 针刺覆膜法钠基膨润土防水毯：是在针刺法钠基膨润土防水毯非织造土工布外表面上复合一层高密度聚乙烯薄膜。

2.0.3 膨润土防水粉：使用 100％的钠基膨润土颗粒或打成包状，作为膨润土防水系统的辅助产品。

2.0.4 膨润土密封膏：是钠基膨润土和丁基橡胶的合成物，具有和涂料相似的延性膏状材料，作为膨润土防水系统的辅助产品。

3 施工准备

3.1 作业条件

3.1.1 施工前施工单位应编制施工方案，并应向操作人员进行技术交底。

3.1.2 防水层施工期间，必须保持地下水位稳定在基底 0.5m 以下，必要时应采取降水措施。

3.1.3 膨润土颗粒的品种应选用天然钠基膨润土和人工钠化膨润土，不得选用钙基膨润土。

3.1.4 防水层采用外防内贴时，基层混凝土强度等级不得低于 C15，水泥砂浆强度等级不得低于 M7.5；防水层采用外防外贴时，回填土夯实密实度应大于 85%。

3.1.5 防水施工人员应经理论与实际施工操作的培训，并持证上岗。

3.1.6 防水材料及机具已准备就绪，可满足施工要求。

3.1.7 膨润土防水毯及其配套材料应贮存在干燥、通风的库房内；未正式施工铺设前严禁拆开包装。贮存和运输过程中，必须注意防潮、防水、防破损漏土。

3.1.8 膨润土防水毯的施工环境温度宜为 5～35℃。

3.1.9 膨润土防水毯严禁在雨天、雪天、五级及以上大风时施工。

3.2　材料及机具

3.2.1 钠基膨润土防水毯：钠基膨润土防水毯的外观质量为表面平整，针刺均匀，厚度均匀，无破洞和破边，且无断针残留；长度和短边尺寸允许偏差为 -1%。其主要物理性能应符合表 9-1 的规定。

钠基膨润土防水毯的主要物理性能　　　　　　　　表 9-1

项目		GCL-NP	GCL-OF
膨润土防水毯单位面积质量（g/m²）		≥4000 且不小于规定值	
膨润土膨胀指数（mL/2g）		≥24	
吸蓝量（g/100g）		≥30	
拉伸强度（N/100mm）		≥600	≥700
最大负荷下伸长率（%）		≥10	
剥离强度（N/100mm）	非织造布与编织布	≥40	
	PE 膜与非织造布	—	≥30
渗透系数（m/s）		≤5.0×10⁻¹¹	≤5.0×10⁻¹²
耐静水压		0.4MPa，1h，无渗漏	0.6MPa，1h，无渗漏
滤失量（mL）		≤18	
膨润土耐久性（mL/2g）		≥20	

3.2.2 钠基膨润土密封膏：用于膨润土防水毯的接缝处封闭。破损处修补及管线穿透防水毯处的补强等。

3.2.3 钠基膨润土防水粉（颗粒）：用于穿墙管根部、阴角等处的补强等。

3.2.4 固定材料：水泥钉（长度≥40mm）、金属垫片（30mm×30mm×0.5mm）、金属压条（30mm×1.0mm）。

3.2.5 机具：铲机、吊装工具、锤子、笤帚、压辊、裁剪刀具、卷尺、粉笔等。

4 操作工艺

4.1 工艺流程

| 基面处理 |→| 防水毯铺设 |→| 管道及桩柱穿透部位铺设 |→| 收口处理 |→| 破损部位修补 |

4.2 基面处理

4.2.1 基面允许潮湿，但不得有点状或线状漏水现象，基面低洼处的积水应清除。

4.2.2 基层应坚实、平整、圆顺、清洁，平整度应符合 $D/L \leq 1/6$ 的要求（D——基面相邻两凸面之间凹进去的深度，L——基面相邻两凸面间的距离）；基面有尖锐突起物应去除，有凹坑应用砂浆填平。

4.2.3 基面阴阳角应用水泥砂浆做成 $\phi 50mm$ 的圆弧或做成 $50mm \times 50mm$ 的钝角。

4.2.4 膨润土防水毯铺设前，应将基面清扫干净。

4.3 防水毯铺设

4.3.1 基面处理完成后，根据量好的尺寸直接铺设膨润土防水毯，防水毯的织布面应与结构外表面密贴。

4.3.2 膨润土防水毯应采用搭接法连接，搭接宽度应大于100mm；搭接缝应涂抹100mm宽、5mm厚膨润土密封膏，水平面搭接缝可干撒100mm宽、12mm厚膨润土防水粉（用量约为 $5kg/m^2$）搭接缝应用水泥钉和垫片按300mm间距固定。

4.3.3 地下结构的垂直面和倾斜面除了搭接缝抹膏和固定以外，垂直面和倾斜面也需固定，并按间距500mm呈梅花形布置。

4.3.4 阴角部位应按规范要求做300mm宽的膨润土防水毯附加层，并采用膨润土防水粉进行加强。

4.3.5 膨润土防水毯铺设时，相邻两幅防水毯搭接缝应错开500mm，避免十字通缝。

4.3.6　膨润土防水毯分段铺设后，应采取临时保护措施。

4.4　管道及桩柱穿透部位铺设

4.4.1　基面应清理干净，沿管道或桩柱四周撒 100mm 宽、12mm 厚膨润土粉。

4.4.2　裁切好膨润土防水毯管道或桩柱孔洞，将防水毯铺设平顺、服帖，并沿管道或桩柱周围涂抹膨润土密封膏做成 30mm×30mm 倒角。

4.4.3　群管穿透部位应符合 4.4.2 的规定，若群管周围不便于涂抹倒角，可涂抹适量宽度、30mm 厚膨润土密封膏。

4.5　甩槎与接槎部位

4.5.1　膨润土防水毯甩槎的预留长度应大于 500mm。

4.5.2　立面上甩槎（如施工缝处）应采用塑料膜或利用材料包装膜作 U 形包裹，并将上下端用水泥钉固定在侧壁基面上，固定间距不大于 300mm。

4.5.3　平面上甩槎应采用塑料薄膜作 U 形包装，并做 30mm 厚砂浆临时甩槎保护层或用砂袋临时覆盖保护。

4.5.4　膨润土防水毯接槎时，应将临时保护膜去除，搭接部位应清理干净，涂抹膨润土密封膏和搭接固定。严禁对甩槎反复揉搓、挤压，而致使膨润土水化凝胶破坏或损失。

4.5.5　膨润土防水毯与其他防水材料过渡时，过渡搭接宽度应大于 400mm，搭接范围内应涂抹膨润土密封膏或铺撒膨润土防水粉。

4.6　收口处理

4.6.1　膨润土防水毯铺设至立面顶部应作收口处理。

4.6.2　收口做法：（1）先在膨润土防水毯顶部涂抹 30mm 宽、3mm 厚膨润土密封膏，再用 30mm 宽、1.0mm 厚的金属压条收口，收口用水泥钉固定，固定间距不大于 300mm；（2）防水毯顶端用膨润土密封膏封口，做成 30mm×30mm 倒角，最后采用 700mm 宽、20mm 厚细钢丝网防水砂浆保护将收口覆盖。

4.7　破损部位修补

4.7.1　底板垫层表面铺设膨润土防水毯时，由于后续绑扎、焊接钢筋对防水毯破坏较多，应对防水毯破损部位进行修补。

4.7.2　破损部位应采用与膨润土防水毯相同的材料进行修补，补丁边缘与破损部位边缘的距离不应小于 100mm，并应采用涂膏和固定。

4.7.3 防水毯表面膨润土颗粒损失严重时，应涂抹膨润土密封膏。

5 质量标准

5.1 主控项目

5.1.1 膨润土防水材料必须符合设计要求。

5.1.2 膨润土防水材料防水层在转角处和变形缝、施工缝、后浇带、穿墙管等部位做法，必须符合设计要求。

5.2 一般项目

5.2.1 膨润土防水毯的织布面，应朝向工程主体结构的迎水面。

5.2.2 立面或斜面铺设的膨润土防水毯应上层压住下层，防水层与基层、防水层与防水层之间应密贴，并应平整、无折皱。

5.2.3 膨润土防水毯的搭接和收口部位应符合规范规定。

5.2.4 膨润土防水毯搭接宽度的允许偏差应为-10mm。

6 成品保护

6.0.1 膨润土防水毯施工时，操作人员不得穿带钉的鞋，并应避免车辆碾压和其他损伤现象。

6.0.2 膨润土防水毯铺设完后应及时绑扎钢筋和浇筑混凝土；如膨润土长期暴露在外，应采取遮挡措施避免日晒雨淋。

6.0.3 浇筑混凝土前，应对膨润土防水毯防水层进行检查，对于受损伤部分必须进行补强处理。

6.0.4 侧墙采用外防外贴法施工回填时，应注意不要损伤防水层，并应分层进行夯实，密实度不应小于85%。

7 注意事项

7.1 应注意的质量问题

7.1.1 膨润土防水材料进场后应检查产品合格证和质量检验报告，并按规定对膨润土防水毯进行抽样复验，复验项目包括外观质量、尺寸偏差、单位面积质量、膨润土膨胀指数、浸透系数、滤失量。

7.1.2 膨润土防水毯在贮存和运输时，必须注意防潮、防水、防破损漏土。

7.1.3　膨润土防水毯自重较大，宜选用铲机并配合吊装工具进行搬运及铺设。吊装工具应与防水毯两端的卷轴连接，使得防水毯滚动铺设，保证防水毯铺设平整、服帖。

7.1.4　膨润土防水毯的织布面应朝向主体结构迎水面，保证防水毯织布面与主体结构表面密贴。

7.1.5　膨润土防水毯的搭接宽度不应小于 100mm，搭接缝应涂抹膨润土密封膏，并辊压使接缝平整、无折皱。针刺覆膜法钠基膨润防水毯铺设时，其接缝部位的聚乙烯薄膜必须去除。

7.1.6　在膨润土防水毯施工过程中，遇到雨水或施工用水等情况，只要在初期水化的防水毯上简单设置木板、竹筏作业通道，是不会影响防水效果的。

7.1.7　膨润土防水毯铺设完后，不应在其上部浇筑 50mm 厚细石混凝土保护层。膨润土防水毯水化膨胀后，具有修补混凝土微小裂隙和防止窜水的特点。如果在其上加了一层细石混凝土保护层，则适得其反。

7.1.8　膨润土防水毯比较耐用，具有自我修补的功能。对施工过程中的微小损伤（孔洞直径小于 5mm），材料遇水后可以自我愈合；而对于损伤较大的部位（孔洞直径大于 5mm），应用同材质的材料修补也很简单。

7.2　**应注意的安全问题**

7.2.1　钠基膨润土防水材料的储运应防水、防潮、防强烈阳光爆晒。储存时地面应采取架空方法垫起，且钠基膨润土防水材料属易燃品，存放和操作应远离火源并备有防火器材。

7.2.2　上班前必须检查操作架，发现问题应立即修理。脚手板上的工具材料应分散放置稳当，不得超载。

7.2.3　施工不允许使用没有保护的剃刀或者"快速刀"，以防损伤钠基膨润土防水毯原材。

7.2.4　严格遵守施工现场各项安全生产制度和操作规程，做好上岗前的安全技术交底及安全教育工作，做好个人防护用品的购置与发放管理，严禁穿拖鞋和酒后上岗作业。

7.3　**应注意的环境问题**

7.3.1　施工中所用的材料应具有产品合格证，检验试验合格，符合环保要求。

7.3.2　施工中严格执行国家相关环保方面的法律法规制度，保护现场环境卫生，实现文明施工。

7.3.3　报废的钠基膨润土防水材料、密封材料包装物等应及时清理。

7.3.4　钠基膨润土防水材料的边角料应回收处理，避免污染环境。

7.3.5　高温天气施工，要有防暑降温措施。

7.3.6　根据现场情况做好环境因素的评价，填写《环境因素清单》和《重要环境因素清单》。

8　质量记录

8.0.1　膨润土防水材料出厂合格证和质量检验报告。

8.0.2　隐蔽工程检查验收记录。

8.0.3　检验批质量验收记录。

8.0.4　膨润土防水材料防水层分项工程质量验收记录。

第 2 篇 外 墙 防 水

第 10 章 外墙砂浆防水

本工艺标准适用于新建、改建和扩建的以砌体或混凝土作为围护结构的建筑外墙防水工程。

1 引用标准

《建筑工程施工质量验收统一标准》GB 50300—2013

《建筑装饰装修工程质量验收标准》GB 50210—2018

《建筑外墙防水工程技术规程》JGJ/T 235—2011

《建筑防水工程技术规程》DBJ 04-249-2007

2 术语

2.0.1 建筑外墙防水：阻止水渗入建筑外墙，满足墙体使用功能的构造及措施。

2.0.2 普通防水砂浆：将水泥砂浆里掺入适量的防水剂而制成，是属特殊类砂浆。

2.0.3 聚合物水泥防水砂浆：是以水泥、细骨料为主要材料制作的。主要用于地下室防渗及渗漏处理，建筑物屋面及内外墙面渗漏的修复，各类水池和游泳池的防水防渗，人防工程、隧道、粮仓、厨房、卫生间、厂房、封闭阳台的防水防渗。

3 施工准备

3.1 作业条件

3.1.1 外墙砂浆防水工程施工前，应编制专项施工方案并进行技术交底。

3.1.2　主体结构验收合格，外墙所有预埋件、嵌入墙体内的各种管道已安装完毕，水、煤管道已做好压力试验，阳台栏杆已装好。

3.1.3　门窗安装合格，框与墙间的缝隙已经清理干净，并用砂浆分层分遍堵塞严密。

3.1.4　砖墙凹凸过大处，已用 1：3 水泥砂浆填平或已剔凿平整，脚手孔洞已经堵严填实，墙面污物已经清理干净，混凝土墙面如有蜂窝及松散混凝土要剔掉，用水冲刷干净，然后用 1：3 水泥砂浆抹平或用 1：2 干硬性水泥砂浆填实。表面用油污应用掺有 10％ 的火碱水溶液刷洗干净。混凝土表面光滑，用 1：0.5 水泥中砂加 108 胶喷浆处理，喷点要均匀，不得漏喷，终凝后养护，直到水泥砂浆疙瘩全部粘到混凝土表面上，用手掰不动为止。

3.1.5　外墙防水工程严禁在雨天、雪天和五级风及其以上时施工；施工的环境气温宜为 5～35℃。施工时应采取安全防护措施。

3.2　材料与机具

3.2.1　水泥：采用 42.5 级及以上的普通硅酸盐水泥，具备厂家的生产许可证、出厂检验报告、合格证和复试合格。

3.2.2　中砂：使用前需过筛，不得含有黏土、草根、树叶、碱质及其他有机物等有害杂质，含泥量＜3％，且应复试合格。

3.2.3　防水材料：

1　普通防水砂浆

普通防水砂浆的主要性能应符合表 10-1 要求：

普通防水砂浆的主要性能　　　　　　表 10-1

项目		指标
稠度（mm）		50，70，90
终凝时间（h）		≥8，≥12，≥24
抗渗压力（MPa）	28d	≥0.6
拉伸粘结强度（MPa）	14d	≥0.20
收缩率（％）	28d	≤0.15

2　聚合物水泥复合防水涂料

为乳液胶（特定的聚合物乳液辅以多种助剂），进场的材料乳液外观应无凝絮状、沉淀物。抽样复试同一规格、品种的材料每 10t 为一批，抽检其固体含量应≥65%，检查拉伸强度（≥1.2MPa）、断裂延伸率（≥100%）、柔性、粘结强度（≥1.0MPa）、不透水性（持续时间≥30min，压力≥0.3MPa）。

3 聚合物水泥防水砂浆改性剂

进场的材料乳液外观应无凝絮状、沉淀物。复试应同一规格、品种的材料每 5t 为一批，抽检其固体含量应≥45%，聚合物砂浆应抽检粘结强度、抗弯强度和抗压强度。

4 防水剂

技术性能和标准应符合设计要求和国家、行业现行有关规范规定的标准。

4 操作工艺

4.1 工艺流程

清理基层 → 找规矩，做灰饼、标筋 → 砂浆或浆液搅拌 → 涂底胶 →

抹底层灰 → 弹分格线 → 抹面层灰 → 细部节点处理 →

起分格条 → 养护

4.2 清理基层

清扫墙面上的浮灰污物，检查门窗洞口位置尺寸，打凿不平墙面，基层充分润湿且无积水。

4.3 找规矩、做灰饼、标筋

先在墙面上部拉横线，做上面四周大角的灰饼，再用托线板按灰饼厚度吊垂直线，做下面两角的灰饼，然后拉线水平方向按 1.2～1.5m 补做灰饼，再拉竖向通线，按间隔一步架的距离补做竖向灰饼，将灰饼面连接，做出横向水平或竖向垂直标筋。

4.4 涂底胶

在基体表面先刷一遍聚合物乳液胶。

4.5 抹底层灰

按乳液胶：水泥：砂=1:2:（4～6）的重量比或按材料要求的配合比拌和聚合物水泥砂浆，用机械搅拌，先将水泥和砂搅拌后，再加入聚合物和助剂，并充分搅拌均匀。在标筋间薄抹一层 5～8mm 厚的底灰，用力将砂浆挤入钢丝网内，应用大杠刮平找直，然后用木抹子或扫帚扫毛；待第一遍 6～7 成干时，即可抹第二遍水泥砂浆，厚度约 8～12mm。随即用木杠刮平、木抹搓毛，终凝后浇水养护。

4.6　分格线、嵌分格条

待底灰 6～7 成干后，按要求弹出分格线，分格缝的纵横间距不宜大于 3m，宽度宜为 10mm，深度为防水层的厚度，并嵌填 5～8mm 的高弹性密封材料。分格条两侧黏稠素水泥浆（掺 108 胶）与墙面抹成 45°角，要求横平竖直、接头平直。

4.7　抹面层灰

根据底层灰的干湿程度浇水润湿，面层灰涂抹厚度为 5～8mm，应比分格条稍高。面层聚合物砂浆配合比同底灰。抹灰后，先用刮板刮平，紧接着用木抹子搓磨出平整、粗糙、均匀的表面。

4.8　细部节点处理

砂浆防水层在门窗洞口、阳台、变形缝、伸出外墙管道、预埋件、分格缝及收头等部位的节点做法符合图 10-1～图 10-6 的要求。

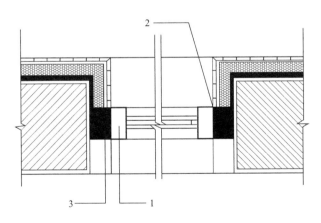

图 10-1　门窗框防水平剖面构造

1—窗框；2—密封材料；
3—聚合物水泥防水砂浆
或发泡聚氨酯

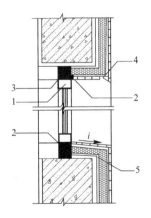

图 10-2　门窗框防水立剖面构造

1—窗框；2—密封材料；3—聚合物
水泥防水砂浆或发泡聚氨酯；
4—滴水线；5—外墙防水层

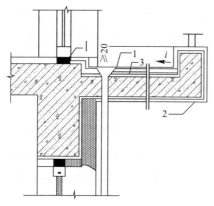

图 10-3　阳台防水构造

1—密封材料；2—滴水线；3—防水层

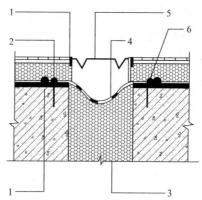

图 10-4　变形缝防水构造

1—密封材料；2—锚栓；3—衬垫材料；

4—合成高分子防水卷材（两端粘结）；

5—不锈钢板；6—压条

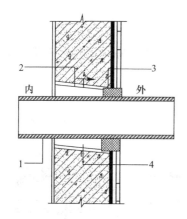

图 10-5　伸出外墙管道防水构造

1—伸出外墙管道；2—套管；3—密封材料；

4—聚合物水泥防水砂浆

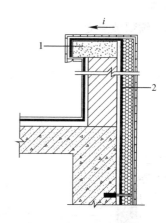

图 10-6　混凝土压顶女儿墙防水构造

1—混凝土压顶；2—防水层

4.9　起分格条、勾缝

面层抹好后即可拆除分格条，并用素水泥浆将分格缝勾平整。

4.10　养护

面层施工完 24h 后应浇水养护。养护时间应根据气温条件而定，一般不少于 7d。

5 质量标准

5.1 主控项目

5.1.1 砂浆防水层所用砂浆品种及性能，应符合设计要求及国家现行标准的有关规定。应对防水砂浆的粘结强度和抗渗性能进行复验。

5.1.2 砂浆防水层在变形缝、门窗洞口、穿外墙管道和预埋件等部位的节点做法应符合设计要求。

5.1.3 砂浆防水层不得有渗漏现象。

5.1.4 砂浆防水层与基层之间及防水层各层之间应结合牢固，不得有空鼓。

5.2 一般项目

5.2.1 砂浆防水层表面应密实、平整，不得有裂纹、起砂和麻面等缺陷。

5.2.2 砂浆防水层施工缝位置及施工方法应符合设计及施工方案要求。

5.2.3 砂浆防水层厚度应符合设计要求。

6 成品保护

6.0.1 为防止抹灰层的污染和锻凿损坏，抹灰应待各安装专业水电、煤气管道等安装完毕后进行（散热器等除外）。

6.0.2 外墙抹灰必须待安装门窗框、阳台栏杆、预埋件等完成后再进行，认真检查是否错漏，必须隐蔽验收后方可进行，以免外墙成活后破损。

6.0.3 抹灰砂浆在凝结前防止暴晒、淋雨、水冲、搓击、振动。抹灰层应在湿润条件下养护。

6.0.4 抹灰时及时清理门窗上残存砂浆，拆除架子时要小心仔细，对易碰撞部位要加以保护，其他工种作业时要防止污染墙面。

7 注意事项

7.1 应注意的质量问题

7.1.1 如出现渗漏，应查找原因及部位并修整，确保验收无渗漏现象。

7.1.2 设计无规定时，应采用柔性密封、防排结合、材料防水和结构做法相结合，采用多道设防等加强措施。

7.1.3 应严格控制抹灰砂浆配合比，宜用过筛中砂（含泥量<5%），保证

砂浆有良好的和易性与保水性。采用预拌砂浆时，应由设计单位明确强度及品种要求。

7.1.4　抹灰前墙面应浇水，浇水量应根据墙体材料和气温不同分别控制，并同时检查基体抗裂措施实施情况。

7.1.5　墙面抹灰应分层进行，抹灰总厚度超过 35mm 时，应采取加设钢丝网等抗裂措施。

7.1.6　不同基体材料交接处应采取钉钢丝网等抗裂措施。

7.2　应注意的安全问题

7.2.1　脚手架搭设及吊篮安装完成经检查合格后方可使用。

7.2.2　脚手板不得少于两块，且不得留有探头板，其上最多不得超过两人作业。

7.2.3　如在夜间作业，照明线路应架空。

7.2.4　刮杠应顺着脚手板平放在上面，不得随便乱放。

7.2.5　推小车时，在过道拐弯及门口等处，避免手受伤。

7.3　应注意的绿色施工问题

7.3.1　在开工前，有关人员编制控制措施，纳入环境管理方案，确保满足相关法律法规要求。方案经审批后，应逐级传递到相关责任人员。

7.3.2　脚手架支设、拆除、搬运、修理噪声的控制：必须轻拿轻放，上下、左右有人传递；项目部必须在施工场界设立钢管修理房场所。修理时，禁止用大锤敲打；切割钢管时，及时在锯片上刷油，并且锯片送速不能过快。

7.3.3　应修建沉淀池，将搅拌砂浆产生的污水排入沉淀池内，进行沉淀处理。

7.3.4　严把进货的外包装关，对散装或包装不严的粉状材料拒绝进场。对水泥等粉状材料进场后的二次搬运中，防止人为造成水泥等粉状材料外包装的破损。

7.3.5　应注意施工时间性，以防砂浆搅拌机的噪声扰民。

7.3.6　水泥库房应及时覆盖，易扬尘施工场所应洒水，保证现场扬尘排放达标。

7.3.7　落地砂浆应及时收回，回收时不得夹杂杂物，并应及时运至拌合地点，提高回收率。

8 质量记录

8.0.1 外墙防水工程的施工图、设计说明及其他设计文件。

8.0.2 材料的产品合格证书、性能检验报告、进场验收记录和复验报告。

8.0.3 施工方案及安全技术措施文件。

8.0.4 雨后或现场淋水检验记录。

8.0.5 隐蔽工程验收记录。

8.0.6 施工记录和施工质量检验记录。

8.0.7 施工单位的资质证书及操作人员的上岗证书。

8.0.8 其他技术文件。

第 11 章　外墙涂膜防水

本工艺标准适用于新建、改建和扩建的以砌体或混凝土作为围护结构的建筑外墙防水工程。

1　引用标准

《建筑工程施工质量验收统一标准》GB 50300—2013
《建筑装饰装修工程质量验收标准》GB 50210—2018
《建筑外墙防水工程技术规程》JGJ/T 235—2011

2　术语

2.0.1　涂膜防水：是在自身有一定防水能力的结构层表面涂刷一定厚度的防水涂料，经固化后，形成一层具有一定坚韧性的防水涂膜的防水方法。

3　施工准备

3.1　作业条件

3.1.1　外墙涂膜防水工程施工前应编制专项施工方案，并按方案进行技术交底。

3.1.2　涂刷防水层的基层表面应将尘土、杂物清扫干净，表面残留的灰浆硬块及突出部分应刮平、扫净、压光，阴阳角处应抹成圆弧或钝角。

3.1.3　基层表面应保持干燥，含水率不大于 9%，其简单测定方法是将面积约 $1m^2$，厚度约 1.5~2mm 的橡胶板覆盖在基层面上，放置 2~3h，如覆盖的基层表面无水印，紧贴基层一侧的橡胶板又无凝结水印，根据经验说明可以满足施工要求。同时基层要平整、牢固，不得有空鼓、开裂或起砂等缺陷。

3.1.4　突出墙面的管根、排水口、阴阳角变形缝等处易发生渗漏的部位，应预先做完附加层等增补处理，刷完聚氨酯底胶后，经检查验收办理完隐蔽工程验收。

3.1.5　防水层施工所用的各类材料、基层处理剂、着色剂及二甲苯等均为易燃物品。储存和保管要远离火源。施工操作时，应严禁烟火。

3.1.6　外墙防水工程严禁在雨天、雪天和五级及以上风施工；施工的环境气温宜为 5～35℃。施工时应采取安全防护措施。

3.2　材料及机具

3.2.1　磷酸或苯磺酰氯化学纯凝固过快时，作缓凝剂用。

3.2.2　二月桂酸二丁基锡化学纯或工业纯凝固过慢时，作促凝剂用。

3.2.3　修补基层用水泥 32.5 级。

3.2.4　粘结过渡层用中砂含泥量不大于 3%。

3.2.5　涂膜防水材料的性能符合《建筑外墙防水工程技术规程》JGJ/T 235—2011 中第 4.2.4、4.2.5 条款的要求。

3.2.6　机具：磅秤、油漆刷、滚动刷、小抹子、油工铲刀、墩布、扫帚、高压吹风机。

4　操作工艺

4.1　工艺流程

清理基层 → 涂刷基层处理剂 → 配置涂膜防水材料 → 涂膜防水施工 →

隔离层施工

4.2　清扫基层

把基层表面的尘土、杂物认真清扫干净。

4.3　涂刷基层处理剂

4.3.1　此工序相当于沥青防水施工涂刷冷底子油。其目的是隔断基层潮气，防止防水涂膜起鼓脱落；加固基层，提高基层与涂膜的粘结强度，防止涂层出现针眼、气孔等缺陷。

4.3.2　聚氨酯底胶的配制：将聚氨酯甲料与专供底涂用的乙料按 1∶3～1∶4（重量比）的比例配合，搅拌均匀即可使用。

4.3.3　涂布施工：小面积的涂布可用油漆刷进行；大面积的涂布，可先用油漆刷蘸底胶在阴阳角、管子根部等复杂部位均匀涂布一遍，再用长把滚刷进行大面积涂布施工；涂胶要均匀，不得过厚或过薄，更不允许露白见底；一般涂布量以 0.15～0.2kg/m² 为宜。底胶涂布后要干燥固化 12h 以上，才能进行下道工序施工。

4.4 涂膜材料的配制

聚氨酯涂膜防水材料应随用随配，配制好的混合料宜在 1h 内用完。配制方法是将聚氨酯甲、乙组分和二甲苯按 1∶1.5∶(0～0.1) 的比例配合，倒入拌料桶中，用转速为 100～500r/min 的电动搅拌器搅拌 5min 左右，即可使用。

4.5 涂膜防水层施工

4.5.1 正式涂刷聚氨酯涂膜前，先在立墙与平面交界处用密纹玻璃网格布或聚酯纤维无纺布作附加处理。附加层施工，应先将密纹玻璃网格布或聚酯纤维无纺布用聚氨酯涂膜粘铺在拐角平面（宽 300～500mm），平面部位必须用聚氨酯涂膜与垫层混凝土基面紧密粘牢，然后由下而上铺贴玻璃网格布或聚酯纤维无纺布，并使网格布紧贴阴角，避免吊空。

4.5.2 垫层混凝土平面与模板墙立面聚氨酯涂膜防水施工，可用长把滚刷蘸取配制好的混合料，顺序均匀地涂刷在基层处理剂已干燥的基层表面，涂刷时要求厚薄均匀一致，对平面基层以涂刷 3～4 遍为宜，每遍涂刷量为 0.6～0.8kg/m²；对立面模板墙基层以涂刷 4～5 遍为宜，每遍涂刷量为 0.5～0.6kg/m²，防水涂膜的总厚度宜大于 2mm。

4.5.3 涂完第一遍涂膜后一般需固化 12h 以上，至指触基本不粘时，再按上述方法涂刷第 2～5 遍涂膜。对平面的涂刷方向，后一遍应与前一遍的涂刷方向相垂直。凡遇到底板与立墙相连接的阴角，均应铺设密纹玻璃网格布或聚酯纤维无纺布进行附加增强处理。

4.6 隔离层施工

平面部位铺贴油毡保护隔离层。当平面部位最后一遍涂膜完全固化，经检查验收合格后，即可虚铺一层纸胎石油沥青油毡作保护隔离层，铺设时可用少许聚氨酯混合料或氯丁橡胶类胶粘剂点粘固定。

5 质量标准

5.1 主控项目

5.1.1 涂膜防水层所用防水涂料及配套材料的品种及性能应符合设计要求

及国家现行标准的有关规定。应对防水涂料的低温柔性和不透水性进行复验。

5.1.2　涂膜防水层在变形缝、门窗洞口、穿外墙管道、预埋件等部位的做法应符合设计要求。

5.1.3　涂膜防水层不得有渗漏现象。

5.1.4　涂膜防水层与基层之间应粘结牢固。

5.2　一般项目

5.2.1　涂膜防水层表面应平整，涂刷应均匀，不得有流坠、露气、气泡、皱折和翘边等缺陷。

5.2.2　涂膜防水层的厚度应符合设计要求。

6　成品保护

6.0.1　已涂刷好的涂膜防水层，应及时采取保护措施，不得损坏，操作人员不得穿带钉子鞋进行作业。

6.0.2　穿过墙面等处的管根等不得碰损、变位。

6.0.3　涂层施工完毕，尚未达到完全固化时，不允许进行下道工序施工，否则将损坏防水层，影响防水工程质量。

6.0.4　涂膜防水层施工时，应注意保护门洞口、墙等成品，防止污染。

7　应注意的问题

7.1　应注意的质量问题

7.1.1　空鼓：防水层空鼓，发生在找平层与涂膜防水层之间以及接缝处，其原因是基层潮湿，找平层未干，含水率过大，使涂膜空鼓，形成鼓泡；施工时要控制基层含水率，接缝处应认真操作，使其粘结牢固。

7.1.2　渗漏：防水层渗漏水，发生在穿过墙面的管根和伸缩缝处，其原因是伸缩缝等处由于建筑物不均匀下沉，撕裂防水层，造成渗漏；其他部位由于管根松动或粘结不牢，接触面清理不干净，产生空隙、接槎、封口处搭接长度不够、粘贴不严密等原因。因此，施工过程中应加强责任心，认真仔细操作。

7.2　应注意的安全问题

7.2.1　严格遵守安全标准、规范进行施工操作，脚手架、吊篮等严禁超载使用。

7.2.2　施工用吊篮或外脚手架计算准确，搭设牢固，安全验收合格后方可使用，作业时人员不得悬空俯身；吊篮操作人员必须适合高处作业，经培训考核合格后持证上岗。

7.2.3　作业人员必须佩戴安全帽、系好安全带，安全带不允许连接在吊篮平台上，必须通过自锁器连接在专用安全绳上。

7.2.4　搭拆现场以及使用阶段必须设专人看管，严禁非施工人员进入作业区域内；应设专人对脚手架时常进行检查，发现隐患及时处理，避免事故的发生。

7.2.5　严禁将拆卸下来的材料和杆件向地面抛掷，已掉至地面的材料应及时运出拆卸区域；禁止将杂物到处乱抛。

7.2.6　严格遵守施工现场各项安全生产制度和操作规程，做好上岗前的安全技术交底及安全教育工作；做好个人防护用品的购置与发放管理；有恐高症、高血压、心脏病的操作人员禁止进行高处作业；严禁穿拖鞋和酒后上岗作业。

7.3　**应注意的绿色施工问题**

7.3.1　施工中所用的材料应具有产品合格证，检验试验合格，符合环保要求。

7.3.2　施工中严格执行国家相关环保方面的法律法规制度，保护现场环境卫生，实现文明施工。

7.3.3　施工时拆下的包装袋不得随手乱扔，集中起来打成捆，以便废品回收，避免造成现场及周边环境污染。

7.3.4　材料进场应码放整齐，保持现场文明。

7.3.5　根据现场情况做好环境因素的评价，填写《环境因素清单》和《重要环境因素清单》，采取相应的防护措施保护环境。

8　质量记录

8.0.1　外墙防水工程的施工图、设计说明及其他设计文件。

8.0.2　材料的产品合格证书、性能检验报告、进场验收记录和复验报告。

8.0.3　施工方案及安全技术措施文件。

8.0.4　雨后或现场淋水检验记录。

8.0.5　隐蔽工程验收记录。

8.0.6　施工记录和施工质量检验记录。

8.0.7　施工单位的资质证书及操作人员的上岗证书。

8.0.8　其他技术文件。

第 12 章　外墙透气膜防水

本工艺标准适用于新建、改建和扩建的以砌体或混凝土作为围护结构的建筑外墙防水工程。

1　引用标准

《建筑工程施工质量验收统一标准》GB 50300—2013
《建筑装饰装修工程质量验收标准》GB 50210—2018
《建筑外墙防水工程技术规程》JGJ/T 235—2011
《外墙外保温工程技术规程》JGJ 144—2004

2　术语

2.0.1　防水透气膜：具有防水和透气功能的合成高分子膜状材料。

3　施工准备

3.1　作业条件

3.1.1　外墙透气膜防水工程施工前应编制专项施工方案，并按方案进行技术交底。

3.1.2　主体结构验收合格，外墙所有预埋件、嵌入墙体内的各种管道已安装完毕，水、煤管道已做好压力试验，阳台栏杆已装好。

3.1.3　墙体保温层施工完毕。

3.1.4　外墙防水工程严禁在雨天、雪天和五级风及其以上时施工；施工的环境气温宜为 5～35℃。施工时应采取安全防护措施。

3.2　材料与机具

3.2.1　涂膜防水材料的性能符合《建筑外墙防水工程技术规程》JGJ/T 235—2011 中第 4.2.6 条款的要求。

3.2.2 防水透气膜、柔性密封胶粘带、刮杠等。

4 操作工艺

4.1 工艺流程

$$\boxed{基层清理} \to \boxed{铺设防水透气膜}$$

4.2 基层清理

基层表面应干净、牢固，不得有尖锐凸起物。

4.3 铺设防水透气膜

4.3.1 铺设宜从外墙底部一侧开始，沿建筑立面自下而上横向铺设，并应顺流水方向搭接。

4.3.2 防水透气膜横向搭接宽度不得小于 100mm，纵向搭接宽度不得小于 150mm，相邻两幅膜的纵向搭接缝应相互错开，间距不应小于 500mm，搭接缝应采用密封胶粘带覆盖密封。

4.3.3 防水透气膜应随铺随固定，固定部位应预先粘贴小块密封胶粘带，用带塑料垫片的塑料锚栓将防水膜固定在基层上，固定点不得少于 3 处/m²。

4.3.4 铺设在窗洞或其他洞口处的防水透气膜，应以工字形裁开，并应用密封胶粘带固定在洞口内侧；与门、窗框连接处应使用配套密封胶粘带满粘密封，四角用密封材料封严。

4.3.5 穿透防水透气膜的连接件周围应用密封胶粘带封严。

5 质量标准

5.1 主控项目

5.1.1 透气膜防水层所用透气膜及配套材料的品种及性能应符合设计要求及国家现行标准的有关规定。应对防水透气膜的不透水性进行复验。

5.1.2 透气膜防水层在变形缝、门窗洞口、穿外墙管道和预埋件等部位的做法应符合设计要求。

5.1.3 透气膜防水层不得有渗漏现象。

5.1.4 防水透气膜与基层应固定牢固。

5.2 一般项目

5.2.1 透气膜防水层表面应平整，不得有皱折、伤痕、破裂等缺陷。

5.2.2 防水透气膜的铺贴方向应正确，纵向搭接缝应错开，搭接宽度应符合设计要求。

5.2.3 防水透气膜的搭接缝应粘结牢固，密封严密；收头应与基层粘结固定牢固，缝口应严密，不得有翘边现象。

6　成品保护

6.0.1 抹灰时及时清理门窗上残存砂浆，拆除架子时要小心仔细，对易碰撞部位要加以保护，其他工种作业时要防止污染墙面。

6.0.2 露天作业在烈日下或雨天均不宜施工。

7　注意事项

7.1　应注意的质量问题

7.1.1 防水透气膜应铺设平整、固定牢固，不得有皱折、翘边等现象。

7.1.2 搭接宽度应符合要求，搭接缝和节点部位应密封严密。

7.1.3 进场的防水材料应抽样复验。

7.1.4 不合格的材料不得在工程中使用。

7.2　应注意的安全问题

7.2.1 严格遵守安全标准、规范进行施工操作，脚手架、吊篮等严禁超载使用。

7.2.2 施工用吊篮或外脚手架计算准确，搭设牢固，安全验收合格后方可使用，作业时人员不得悬空俯身；吊篮操作人员必须适合高处作业，经培训考核合格后持证上岗。

7.2.3 作业人员必须佩戴安全帽、系好安全带，安全带不允许连接在吊篮平台上，必须通过自锁器连接在专用安全绳上。

7.2.4 搭拆现场以及使用阶段必须设专人看管，严禁非施工人员进入作业区域内；应设专人对脚手架时常进行检查，发现隐患及时处理，避免事故的发生。

7.2.5 严禁将拆卸下来的材料和杆件向地面抛掷，已掉至地面的材料应及时运出拆卸区域；禁止将杂物到处乱抛。

7.2.6 严格遵守施工现场各项安全生产制度和操作规程，做好上岗前的安全技术交底及安全教育工作；做好个人防护用品的购置与发放管理；有恐高症、高血压、心脏病的操作人员禁止进行高处作业；严禁穿拖鞋和酒后上岗作业。

7.3　应注意的绿色施工问题

7.3.1　施工中所用的材料应具有产品合格证，检验试验合格，符合环保要求。

7.3.2　施工中严格执行国家相关环保方面的法律法规制度，保护现场环境卫生，实现文明施工。

7.3.3　施工时拆下的包装袋不得随手乱扔，集中起来打成捆以便废品回收，避免造成现场及周边环境污染。

7.3.4　材料进场应码放整齐，保持现场文明。

7.3.5　根据现场情况做好环境因素的评价，填写《环境因素清单》和《重要环境因素清单》，采取相应的防护措施保护环境。

8　质量记录

8.0.1　外墙防水工程的施工图、设计说明及其他设计文件。

8.0.2　材料的产品合格证书、性能检验报告、进场验收记录和复验报告。

8.0.3　施工方案及安全技术措施文件。

8.0.4　雨后或现场淋水检验记录。

8.0.5　隐蔽工程验收记录。

8.0.6　施工记录和施工质量检验记录。

8.0.7　施工单位的资质证书及操作人员的上岗证书。

8.0.8　其他技术文件。